元自衛隊員のおじいちゃんによる

続 **孫たちへの贈り物**

「ねえ、おじいちゃん！
戦争が起こらないようにすることはできないの？」

川井 修一

まえがき

　私は、昭和５２年３月に自衛隊に入隊し、平成２２年９月に定年退職しましたが、この間、自衛隊は編制装備の他、運用、防衛法制等に改良が加えられ、国民の負託に応え得る防衛力へと変化を遂げることができたと安堵感を覚えています。

　一方、この変化の過程については、自衛官だった頃から問題意識を持っています。防衛政策は、幾度か変更を繰り返して現在に至りますが、変更の都度、変更に関して国民を挙げて議論がなされたという経験は一度もありませんでした。

　定年退職に当たり、有事、真に役に立つ自衛隊という観点から満足感を覚える反面、国民の信任を得ていない可能性のある自衛隊、防衛政策という観点から大きな問題意識を抱えて、第二の人生に踏み出しました。

　国民的な議論がなされないまま防衛政策が変更を繰り返して現在に至ったことに関し、元自衛官として、贖罪の意味を込め、防衛に関する議論が起こることを期待して

　私が問題だと感じた防衛政策の変遷過程と防衛に関する考え方を持つためのアプローチの一例を紹介した「孫たちへの贈り物」を執筆しました。

　この度は、前作を踏まえて、安全保障に関わる私の考え方を紹介させていただきました。反論、お叱り、あるいはご意見を賜り、ここから防衛に関する議論の広がりに繋がれば望外の幸せです。

目　次

まえがき —————————————————————————— 1

第1章　安全保障の考え方 ———————————————— 6

1　私の安全保障政策の考え方　……………………………… 6

　　＊目前の脅威に備えて戦争を無くす努力

2　私の防衛政策の考え方　………………………………… 13

（1）防衛政策の考え方　13

　　＊現行憲法の主権在民と平和精神の考え方を政策に具現

（2）戦争と武力行使に関する考え方　23

第2章　安全保障環境 ——————————————————— 31

1　安全保障環境の推移　…………………………………… 31

（1）全　般　31

　　＊安全保障環境のベクトルの方向の変化

（2）第1次世界大戦前の安全保障環境　34

（3）第2次世界大戦前の安全保障環境　37

（4）第2次世界大戦を通じて得た安全保障上の教訓　42

（5）第2次世界大戦後の安全保障環境　46

（6）東西冷戦崩壊後の安全保障環境　50

（7）東西冷戦の崩壊から今日（2018年）に至るまでの
　　　国際情勢の推移　53

2　東西冷戦の崩壊から今日（2018年）に至るまでの間の
　　安全保障環境の質的変化　……………………………… 57

（1）超大国を始めとする各国の露骨な国益優先政策の顕在化　57

　　　ア　ロシアによるクリミア半島の軍事占領

イ　中国による南沙諸島の占領・軍事基地化

　　　ウ　米中貿易戦争の拡大

　　（ア）概　要

　　（イ）米中対立の本質的な要因その1（経済体制の覇権争い）

　　（ウ）米中対立の本質的な要因その2（次世代産業・技術の覇権争い）

　　（エ）米中対立の本質的な要因その3（戦略態勢上の覇権争い）

（2）第2次世界大戦の教訓から築かれた平和維持体制の崩壊の兆し 70

　　　ア　EU内の不協和音

　　　イ　アメリカによる自由貿易体制の破壊行動

　　　ウ　国際連合の機能低下

（3）戦争が起こり易い安全保障環境へ変化　　77

第3章　私が考える我が国の安全保障政策──────79

　1　全　般 ………………………………………………………… 79

　2　私が考える我が国の防衛政策 ……………………………… 80

（1）我が国の防衛の対象　　80

（2）我が国に対する潜在的な脅威　　80

　　　ア　全　般

　　　イ　中国の侵略

　　　ウ　ロシアの侵略

　　　エ　北朝鮮のテロ・ミサイル攻撃

（3）我が国の防衛政策　　101

　　　ア　全　般

　　　イ　日米同盟を基軸とする防衛政策

　　　ウ　自衛隊（軍隊）の軍事力を使用する地域の制限

　　　エ　同盟国としてのアメリカの適切性

　3　私が考える我が国の外交政策 ……………………………… 115

（1）全　般　　115

（2）国際的な国益優先姿勢の緩和政策　　116

　　　＊自由貿易体制の推進、国連を始めとする国際機関の機能強化への取り組み、
　　　　EUの結束強化を提言

（3）　異なる価値観の相互容認への努力　　120

（4）　難民対策　　123

第4章　確かなシビリアンコントロール機能の確保―――――128

1　シビリアンコントロールとは　………………………………128

2　シビリアンコントロールの必要性　……………………………131

　　＊軍隊（自衛隊）の本質は武装組織である。この本質的な特性に起因する
　　シビリアンコントロールの必要性を解説

3　シビリアンコントロールの機能を確保するための方策　………143

（1）全　般　　143

　　＊自衛隊（軍）は国家・国民のツールであり、国民自身の
　　シビリアンコントロール機能確保への積極的な関与の重要性を解説

（2）シビリアンコントロール監視委員会（仮称）の設置　　144

　　※「敵基地攻撃能力の保有」、「政府による緊急事態基本法の立法化と、
　　その根拠を法制化するための『緊急事態条項』の憲法改正草案への盛り込みへの
　　検討」、「南スーダン国連平和維持活動（PKO）日報問題」の各事例から
　　本組織の設置の必要性を解説

（3）自衛隊の運用に関する具体的な法制化　　161

　　＊運用の法制化に当たり、国民を守るためにタイムリーに動かす場合と、
　　動かすことの適切性を判断して運用する場合とを区分

（4）政府の指揮機能の継続措置　　166

第5章　終わりに―――――――――――――――――168

第1章
安全保障の考え方

1　私の安全保障政策の考え方

ねえ、お爺ちゃん！　戦争が起こらないようにすることはできないの？

航

爺

え？　何？

「国民を挙げて防衛議論をしなければならない時が来た。」って言ってたでしょ？

航

爺

そうだね。お爺ちゃんが、自衛官だった頃から、防衛政策は、度々、大きな変更を重ねて来たけど、変更に当って、国民的な議論がなされたことはなかったからね。前にも、話したとおり、敗戦後の我が国の事情を考慮するとやむを得なかったと思うけどね。だけど、これからは、避けて通ってはいけないと思っているよ。だから、「国民を挙げて防衛議論をしなければならない時が来た。」って言ったんだよ。（「孫たちへの贈り物」に記載）

それでね。『国の防衛をどうすべきか』いろいろ考えていたら、そもそも戦争が起こらないようにすることはできないのだろうか？って、疑問が湧いてきたんだ。ロシアのクリミア半島の侵略や中国の南沙諸島の占領のような事態が普通に起こるのが『国際政治の現実の姿』だって、お爺ちゃん、言ったよね？国際政治の場では、常に脅威が存在するから、防衛について、しっかり対応を準備しなければならないって。

だとしたら、『国際政治の現実の姿』を、単に肯定してしまうのではなくて、『国際政治の現実の姿』を変えることはできないのだろうか？つまり、国際政治の場から脅威を無くすことはできないのだろうか？って、思ったんだ。

いいところに目を付けたね。おじいちゃんも同じ気持ちだよ。

ええ？　お爺ちゃんも同じ気持って、どういうこと？　防衛政策について考えなくていいの？

そういうことじゃないんだよ。

爺 "戦争のない世の中を創りたい。"恐らくこの願望に異論を唱える人はいないはずだよ。では、どうしたら戦争を無くすことができるのだろうか？ 簡単そうで、とても難しい問題なんだよ。

世界から戦争を無くそう、『国際政治の現実の姿』を変えようと思ったら、まず、この現実の姿を受け入れるところから始めないとだめだと思うよ。

どういうこと？

航

爺 それはね、国際政治の場で起こっていることを冷静に観察するとね、それぞれの国が、それぞれの思惑を持って、行動しているんだよ。例えば、生存のために、あるいは生存を理由に、軍事大国化したり、他国の領土を侵略したり、また、国の繁栄のために、国際ルールを無視したりというようにね。国際社会のこのような行動が、脅威や戦争を生んでいるんだよ。

そして、我が国も、こういう国際社会に身を置いていることを忘れてはいけないんだ。更に言えば、国の外交相手、あるいは商社の貿易相手に、軍事大国化に力を入れていたり、他国の領土を侵略したり、国際ルールを無視している国々も含まれているんだよ。『国際政治の現実の

姿』を受け入れるということは、ロシアのクリミア半島の侵略や中国の南沙諸島の占領が、我々が暮らしている世界とは異なる別の世界で起こっているという認識を持ってはいけないんだよ。諄いようだけど、ロシアや中国の占領は、我々が暮らしている世界で、普通に起こっているということを認めることなんだよ。

　そして、戦争は、非道で悪いものとして排除し、戦争に関わらないことが善人の証であるかのように振舞っていたのでは、いつまでたっても、戦争を無くす解決策を見つけることはできないし、戦争を無くすことはできないんだよ。ほんとうに脅威や戦争を無くしたいと思ったら、まず、実際に起こっている脅威や戦争の実態を理解し、その背景や原因を追究して、多くの英知を結集して解決策を考え出さなければだめなんだよ。

そうか。現実の国際社会の実情を理解し、脅威や戦争を自分自身のこととして受け入れて、考えなくてはいけないんだね。

航

爺

そうだよ。そして、次に、我が国の周辺で、『国際政治の現実の姿』として、どのような脅威が起こりそうかを考え、脅威に対応できる防衛態

勢を整えなければならないんだよ。

脅威って、中国やロシアや北朝鮮のこと？

 そうだね。中国やロシアや北朝鮮は、いつでも脅威に成り得るということを認識して、この"潜在的脅威"が、"脅威"に変わって、更に"侵略"にならないように、きちんと対応できる防衛態勢を整えなければならないんだ。

きちんと対応できる防衛態勢を整えるってどういうこと？

 侵略して来ても、簡単には成功させないという防衛態勢を構築することだよ。このような防衛態勢を整えるということには、"脅威"から"侵略"行動に出るという誤った判断をさせないという意味があるんだよ。防衛態勢の構築がいい加減だったり、防衛意思が曖昧だったりすると、侵略を考える国に、侵略の誘惑を抱かせたり、判断を誤らせたりして返って危険なんだよ。いいかい？

そうか。まず、脅威を認識して、その脅威に対して防衛態勢を整えて、侵略が起こりに

くい状態にすることが大切なんだね。

爺

そうだよ。まず、しっかりとした防衛態勢を整えて、我が国に対する侵略が起こりにくい状態にした上で、世界中で実際に起こっている戦争の実態を把握し、その背景や原因を追究し、多くの英知を結集して解決策を見出して、国際社会から脅威や戦争を無くす努力を進めて行かなければならないと思うよ。

そうか。それで、お爺ちゃんも同じ気持だって言ったんだね。だけど、人類の歴史が始まってから今日まで、平和な時より戦争をしている時の方が多かったって聞いたことがあるんだけど、国際政治の場から脅威を無くすことって本当にできるんだろうか？

航

爺

さっきから言っているように、とっても難しいことだと思う。だけど、これは決して諦めてはいけないことで、大げさに言えば、人類の英知を信じて取り組まなければならない課題だと思うよ。

諦めたら戦争はいつまで経ってもなくならないよね。

航

第1章　安全保障の考え方　11
1. 私の安全保障政策の考え方

爺

そうだよ。お爺ちゃんの安全保障政策の考え方は、分かったかい？国際政治の場から脅威を無くす努力（政策）も広い意味で防衛政策と捉えることができそうだけど、ここで、これから先の話を混乱させないために、次のように言葉を使い分けて話を進めるね。

まず、外国の侵略等の脅威から国を守る主な役割は、『防衛政策』という言葉で表して、国際政治の場から脅威を無くす努力（政策）の主な役割は、『外交政策』という言葉を使って、防衛政策と外交政策を合わせた役割は、『安全保障政策』という言葉で表現することにするけど、いい？

うん。何か複雑になってきたけど、お爺ちゃんの考え方を分かり易く説明してよ。

航

2　私の防衛政策の考え方

(1) 防衛政策の考え方

爺

　解った。それじゃ、順を追って説明するね。
　まず、防衛政策の考え方の基本は、一言でいえば、現行憲法の主権在民と平和精神の考え方を防衛政策の土台に置くべきだということなんだよ。つまり、憲法の前文にあるように「主権が国民にあって、国政は国民の信託によるもので、その権威は国民に由来し、その権力は国民の代表者がこれを行使し、その福利は国民が享受する。」ということが防衛政策に具現されなければならないと考えているよ。
　そして、それは、国の安全、あるいは国の危機ということを理由にないがしろにしてはいけないと思っているよ。

尊

　前に、小泉内閣の下（２００３年）で、有事法制の基本的な枠組みとなる武力攻撃事態関連３法案が国会で可決したときの話をしてくれたよね。その話の中で、武力攻撃事態法の基本理念の中に、国民の自由と権利に制限が加えられる場合があるということだったんだ

けど、お爺ちゃんは、この武力攻撃事態法に問題があると考えているの？
(「孫たちへの贈り物」に記載説明)

どうして？

だって、武力攻撃事態法は、国民の自由と権利に制限を加えることができるようになる法律でしょ。国民は主権者なのだから、自由と権利をどうするかは国民自身が決めることだと思うけど。でも結局、政府が国の安全を重視して決めたじゃない。この武力攻撃事態法では主権者が軽視されて、国（政府）の安全が重視されたっていうことになるんじゃないの？

言い方を変えれば、国が生き残るか、否か、という防衛政策上の重要な問題では、お爺ちゃんの言う、現行憲法の主権在民と平和精神の考え方を土台に置くということは無理なんじゃないの？

…。

どうしたの？

爺：今の尊ちゃんの指摘はとても重要なところなので、間違って伝わらないように説明するにはどういうふうに話したらいいか考えていたんだよ。

結論から言えば、武力攻撃事態法を含む武力攻撃事態関連３法とその成立過程に問題はなかったと思っているよ。

尊：え？ どうして？

爺：武力攻撃事態法案は、日本が外国から武力攻撃を受けた場合に、対処すべき必要なことを全て考えて、その基本となる事項を定めたんだよ。例えば、国や地方公共団体、指定公共機関の役割、対処要領等々をね。そして、その対処方法の一つとして、国民の自由と権利に制限が加わることを承知で、国民に協力を得る場合を考えているんだよ。

ここまではいいかい？"国民の自由と権利に制限が加わることを承知で協力を得る場合"というところにスポットライトを当て、そこだけを切り離して議論の対象にすると、主権者が軽視されたような誤解を与えてしまうので、その一点に焦点を当てるのではなく、外国から武力攻撃を受けた場合の対処に必要な様々な方法の一つとして捉えるということなんだよ。

第１章　安全保障の考え方　15
2．私の防衛政策の考え方

ううん？

外国から武力攻撃を受けた場合の対処の方法、即ち、どのようにして国土、国民を守るかという方法は、考えられる全ての方法をリストアップして検討すべきだと思うけど、尊ちゃんはどう思う？問題があると思う？

うん。国土、国民を本気で守ろうとしたら、考え付く全ての方法をリストアップして検討しなければダメだと思う。

そうだよね。そうすると、外国の武力攻撃に対して、どのように国土、国民を守るかという対処の方法の中に、国民の自由と権利に制限が加わる方法が入っていても問題はないでしょ？

そうだね。

そこで質問なんだけど、外国から武力攻撃を受けた場合の対応策で、もし、国民の大半が、国民の自由と権利に制限が加わる方法も肯定して受け入れたとしたらどうだろう？ やっぱり、国（政府）が主権者である国民を軽視し、国の安

全を重視して決めたということになるのかな？

国民が受け入れるというなら、国（政府）が国民を軽視して決めたということにはならないと思う。
尊

爺
それでは、武力攻撃事態法を含む武力攻撃事態関連3法は、国の安全を理由に、政府が主権者である国民を軽視して決めたか否か？という点について、政府はそんなことはしていないし、ちゃんと国民の意思として成立させたと言えるんじゃない？

ちょっと待って。どうしてそうなるの？
尊

爺
我が国は、議会制民主主義を採用しているでしょ。この議会制民主主義というのは、選挙で国民に選ばれた代表者（政治家）が、国民の意思を反映するように、国会で議論して政治をしていく制度なんだよ。国（政府）は、武力攻撃事態法を含む武力攻撃事態関連3法案を国会に提出し、ちゃんと与野党議員が真面目に議論して、この法案は賛成多数で可決されたんだよ。だから国民の意思をちゃんと反映した法律ということになるでしょ？

尊

だけど、議会制民主主義というのは、国民が選挙で選んだ議員が、議会で議論して政治を運営していくということでしょ？ 国民は議論に直接参加していないじゃない！

爺

そうだね。だけど、日本では直接民主制を採っていないから、国民が直接国会で意見を言うことはないけど、その代わりに、自分の考えを具現してくれる人を選挙で選んでいるじゃない。
　国民は、皆、誰でもいいやと思って、いい加減に投票しているわけじゃなくて、政治家が国会や選挙、報道番組、あるいは著書等で明らかにしている意見や考え方をよく吟味して、この人なら国を託せるという人を真剣に選んで投票しているんだよ。
　そして、そうやって選んだ政治家が議論した結果、成立した法律なのだから、直接議論に参加しなくても国民の意思を反映しているということになるでしょ？

尊

ええ？　お爺ちゃんに言い包められるっていうか、だんだん誤魔化されていくような気がするんだけど。
　前に、お爺ちゃんが話してくれた時は、国

民的な議論がなされなかったので問題だって言ってたじゃない！
　それじゃ、国民的な議論があってもなくても、国民の意思は反映されたってことになるんじゃないの？

爺

　前に言ったのは、国民的な議論がなされないまま、歯止めが無くなっていく防衛政策の変更のあり方は、問題だと言ったんだよ。
　選挙で選ばれた国会議員は、国家・国民のことを第1に考えて政治を行っているはずだよ。国民が何もせず、あるいは意見を言わなければ、国会議員は国民の意思に合致した政治を行っている、もしくは国民に支持されていると考えると思うよ。
　お爺ちゃんが訴えたかったのは、いいかい？
　特に、前に話した防衛政策の変更等の問題は、国家・国民にとって、とても大切な問題なので、国会議員だけに議論を任せるのではなく、国民自身も国会議員と一緒になって議論すべきだったと言ったんだよ。
　お爺ちゃんには、これまで一般の国民が防衛について真剣に考え、国民同士が議論してきたようにはどうしても思えなかったので、とても問題だと言ったんだよ。

言い換えれば、国民が国（政府）に任せっきりにしたことを問題視したんだよ。任せたということは、国（政府）が出した結論は、国民の意思ということになるんだよ。

でも、お爺ちゃん！　国民が議論して声を挙げたところで、国会議員は取り上げてくれるの？
　前（２０１５年）に、集団的自衛権を認める安全保障法案が国会で審議された時は、国会周辺で大きな反対集会が何日もあったけど、結局、国会で可決されたじゃない。

あの時も、尊ちゃん達に言ったけど、国会周辺で反対集会をしていた人たちの意見は、各人各様で、何に反対しているのかよく分からない内容だったよ。
　集会で主張されていた反対意見の内容はバラバラで、「戦争」、「日米同盟」、「集団的自衛権の承認」、「自衛隊」、あるいは「政府の政策対応要領」のどれなのか、お爺ちゃんには、全く分からなかったよ。それぞれの人が、ただ思い思いの反対意見を主張していただけにしか見えなかったし、聞こえなかったよ。
　もし、２０１５年の国会審議の時に、国民を

挙げて、防衛に関する議論を十分に行って、集団的自衛権の扱いについて、国民の意見を集約した形で反対を表明する集会だったら、そのまま可決されたかどうかは分からなかったと思うよ。(「孫たちへの贈り物」に記載説明)

もし、国民を挙げて議論をして、国民の意見が集約された形で政府に訴えていたら、本当に聞いてもらえたのかな？

尊

爺

　過半数の国民の意見が集約されたものなら、聞いてもらえるかではなく、聞いてもらわなくてはならないと思うよ。

　さっき、議会制民主主義の話をしたでしょ。国民が議会に直接参加することはなくても、選挙を始めとする政治に参加しなくなったら、政治家の独善や国民不在の政治になって、民主主義国家ではなくなってしまうよ。

　過半数の国民の集約された意見が無視されるような場合は、選挙で政治をあるべき方向にしっかり修正しないといけないと思うよ。

　後で触れることになるのでもう少し説明すると、民主主義のもとでは、政治家と国民の間の関係はとてもデリケートな感じがするよ。政治家が独善や国民軽視に陥ると、今話したよう

第1章　安全保障の考え方　21
2．私の防衛政策の考え方

な問題が起きるし、逆に支持率や選挙の得票率の獲得に重点が置かれると、ポピュリズムに陥って、国家にとって好ましくない方向に向かって行ってしまうんだ。この問題は、また、後で触れるね。

尊

　国民的な議論がなされないまま、戦後、防衛政策が変化してきたというお爺ちゃんの問題意識が、今ほんとうに分ったような気がするよ。

（2）戦争と武力行使に関する考え方

爺

　それじゃ、防衛政策の考え方の基本的な態度については、このくらいにして、次に、戦争と武力行使に関する考え方について説明するね。
　まず、国際紛争を解決する手段としての戦争は、放棄しなければならないし、そのための武力も基本的に行使してはならないし、保有もしてはならないと考えているよ。
　だけど、外国から侵略や攻撃をされた場合は、国権の発動で戦争を行うことを肯定して考えているよ。武力の行使についても同じだよ。
　クラウゼイッツは、「戦争とは他の手段をもってする政治の継続である。」と言って、戦争の考え方を表したけど、おじいちゃんは、このクラウゼイッツの考え方と立場が異なるんだ。

クラウゼイッツって何？

爽

爺

「戦争論」という書物を書いたプロイセンの軍人だよ。この「戦争論」は、軍事戦略について書かれた書物で、軍人に限らず幅広い分野で多くの人に読まれているよ。

お爺ちゃんも読んだ？

爽

第1章　安全保障の考え方　23
2．私の防衛政策の考え方

爺 　勿論、読んだよ。戦争ということについて多くのことを学んだよ。

爽 　お爺ちゃんは、クラウゼイッツの考え方とどこが違うの？

爺 　クラウゼイッツは、戦争と政治の関係について、「戦争とは他の手段をもってする政治の継続である。」と言って、戦争を政治の延長線上で考えているんだよ。
　つまり、国際紛争等の解決手段の一つとして戦争を捉えているんだよ。さっき、お爺ちゃんの考え方は、「国際紛争を解決する手段として戦争は放棄しなければならない。」と説明したけど、クラウゼイッツと違うでしょ？お爺ちゃんは、戦争を政治から切り離して、決して関連付けてはならないと考えているよ。

爽 　戦争と政治を切り離すことって、そんなに大切なの？

爺 　お爺ちゃんは、そう思っているよ。だけど、お爺ちゃんの考え方に賛成を示す人がいるとしたら、日本国民くらいかもしれないな。外国では、国も政府も、クラウゼヴィッツと同じ考え方、

即ち、「戦争とは他の手段をもってする政治の継続である。」と考えるのが一般的だと思うよ。

そうか、外国の場合は、話し合いで解決が難しいと判断したら、武力に訴えることもあるんだ。

爽

爺
即、武力攻撃に出るというわけではないけど、艦艇や航空機を使って示威行動をしたりすることはよく見かけるよ。

あ！ 知ってるよ。２０１６〜１７年にかけて、北朝鮮が核や弾道ミサイル実験をしている時に、アメリカが、北朝鮮に対して、攻撃するぞと言わんばかりに、空母２隻を日本海に展開させたり、戦略爆撃機のB-1を度々飛行させたりしたことでしょ。

爽

爺
そうだね。お爺ちゃんは、国際政治の場で、武力の行使は勿論、示威行動も行ってはならないと考えているんだよ。これを認めないことが、戦争の敷居を高くすると考えるからだよ。

ただし、外国から侵略や攻撃をされた場合は、国権の発動で、我が国を防衛するためには戦争も辞さないとハッキリ意思表示をすべきだとも考えているよ。

第１章 安全保障の考え方　25
2. 私の防衛政策の考え方

ハッキリ意思表示って、どのようにするの？

例えば、現在のように、憲法解釈を頼りに、個別的自衛権が使えるから自衛のための戦いができるというような態度では、「外国の侵略に対して戦ってでも国を守る」という明確な意志表示をしているとは言えないので、現行憲法の9条の記述を、我が国を防衛するためには戦争も辞さないという趣旨に変えて、ハッキリ意思表示をすべきだと考えているんだよ。

ええ？ それじゃ、憲法改正しなければならないじゃない。そもそも、お爺ちゃんの考え方は、今の憲法では違反じゃない？

そのとおりだよ。憲法第9条1項は、「日本国民は、正義と秩序を基調とする国際平和を誠実に希求し、国権の発動たる戦争と、武力による威嚇又は武力の行使は、国際紛争を解決する手段としては、永久にこれを放棄する。」という条文で、これは、普通の人が素直に読めば「戦争を放棄して戦いはしない。」という解釈になると思うのだけど、第9条1項に対する現在の国（政府）の解釈は、「これは個別的自衛権までを否定

するものではなく、自衛のための戦いは認められる。」という見解を採り、この解釈に、我が国の防衛の正当性を求めているけど、この姿勢（態度）に、お爺ちゃんは反対なんだよ。

　戦後の憲法の制定過程、戦後の国際情勢の変遷、憲法の護持、国防施策遂行の必要性等、戦後の安全保障環境を考えると、憲法解釈に正当性を求めて防衛政策を進めて来たことについては、ほんとうにやむを得なかったと思うけど、これからは改めなければならないと真剣に考えているよ。

どうして？

爽

爺
　解釈は、その時に解釈する政権担当者や政治勢力によって、自由に変えることができてしまうからだよ。

　議会制民主主義の欠点について触れたけど、政治家の独善や国民不在の政治、あるいはポピュリズムに傾いた時にも変えることができてしまうので、とても問題だと思っているよ。

それじゃ何に正当性を求めればいいの？
爽

爺
　それは、国民の意思だよ。
　国民自身が、自分たちの、この国をどうした

第1章　安全保障の考え方　27
2．私の防衛政策の考え方

いのか。この国を子や孫たちに残したいと思うのか、思わないのか。残したいのなら、どのようにして残すのかを国民を挙げて議論し結論を出さなければならないんだよ。

そして、国民の意思が決まったら、それを国家の意思として憲法に定めるべきなんだよ。解釈の余地のない表現でね。

分かった。とにかく我が国の防衛をどうするか、国民を挙げて議論しなければいけないということだね。

爽

爺

そうだよ。お爺ちゃんの戦争と武力行使に関する考え方は、外国に侵略や攻撃をされた場合は自衛戦争を辞さず、そのための軍事力は持つべきだというものだよ。

これは、お爺ちゃんの考え方で、尊ちゃんや、航ちゃん、爽ちゃん、みんなそれぞれに考えがあると思うので、しっかり議論して欲しいんだ。

しつこいようだけど、議論に当たっては、現行憲法から離れて、国の防衛は如何にあるべきかを純粋に考えて欲しいんだよ。議論の結果、少なくとも過半数の国民の意思が外国の侵略に対しては戦ってでも守るということになったら、『憲法改正』に議論の場を移していくべきだと考

えているよ。
　ただし、２０１８年９月、自民党総裁選挙で３選を果たした安部首相が憲法改正に強い意欲を示しているけど、今は、憲法を改正する時期ではないし、改正してはならないと考えているよ。

どうして？

　今のように、防衛に関する国民の関心が低い時期に、憲法を改正してしまうと、国（政府）の独善、国民不在の改正内容になってしまう恐れがあって、もしそうなったら、将来にとても大きな禍根を残すことになってしまうからだよ。だから、諄いようだけど、まず、国民を挙げて防衛論議をしなければいけないんだよ。爽ちゃん達に一生懸命訴えてきたのは、そのためだよ。
（「孫たちへの贈り物」に記載説明）

そうか、分かった。

　そして、お爺ちゃんの戦争と武力行使に関する考え方で、もう一つ、大事なことがあるんだ。
　それはね、外国の侵略に対して自衛のための軍事力を持つ場合は、軍事力（軍隊）を完全なシビリアンコントロールの下に置かなければなら

第1章　安全保障の考え方　29
2．私の防衛政策の考え方

ないということなんだよ。

え？　前に、日本はシビリアンコントロールが機能しているって言ったじゃない。今の国の体制で大丈夫なんでしょ？

爽

爺

今は、平時で、平和な環境なので特に問題はないと考えているよ。お爺ちゃんが言っているのは、有事でも確実に機能する体制にしなければならないということなんだよ。
　これについては、また、後で話をすることにして、次に、今おじいちゃんが最も危惧している現在の安全保障環境について、説明するね。

第2章
安全保障環境

1 安全保障環境の推移
（1）全般

爺

　第1次世界大戦から第2次世界大戦、第2次世界大戦から東西冷戦、東西冷戦から東西冷戦の崩壊までの安全保障環境の変遷を踏まえて、今日（2018年）の国際情勢を見ると、第2次世界大戦から東西冷戦の崩壊に至る安全保障環境のベクトルの方向が、東西冷戦の崩壊以降、従来と異なる方向に変化しているように思えるんだよ。

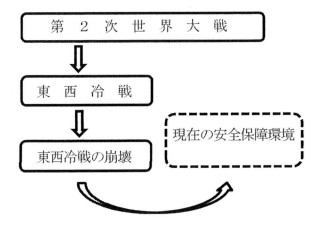

言い方を変えれば、東西冷戦の崩壊を境に、新たな安全保障環境に変化した、あるいは変化しつつあるように見えるんだ。

ふうん。東西冷戦の崩壊から現在までに安全保障環境が質的に変わったっていうこと？
安全保障環境が変わってきたから危惧しているの？　何が心配なの？

琉

爺

最近、各国が自国の国益を露骨に優先する行動を採り出したために、世界中で摩擦や軍事行動を含む衝突が目立ってきたんだよ。

そして、更に、その流れは、第2次世界大戦の反省から築かれた平和維持の体制を壊す方向に動いているように見えるんだよ。まるで、各国が第2次世界大戦以前のような安全保障環境に逆戻りしようとしているようにね。

ええ？　どういうこと？

琉

爺

東西冷戦の崩壊から現在までの安全保障環境の変化をより実感として分かってもらいたいので、まず、第1次世界大戦前の安全保障環境、次いで、第2次世界大戦前の安全保障環境、第2次世界大戦を通じて戦後の安全保障環境の形

成に影響を与えた要因、第2次世界大戦後（東西冷戦期）の安全保障環境、東西冷戦崩壊直後の安全保障環境について、特徴的なところを簡単に整理して、その後、この東西冷戦の崩壊から今日に至るまでの安全保障環境の質的変化について、感じている点を説明することにするね。

分かった。

琉

（2）第１次世界大戦前の安全保障環境

爺

　まず、第１次世界大戦前の安全保障環境から話をするね。

　ヨーロッパの産業革命によって、生産過剰の状態が続いて、１８７０年代に、世界経済は世界同時不況になってしまうんだ。西欧列強は、不況からの脱出、あるいは原材料供給地と市場獲得のために、自国の国益のみを追求した露骨な植民地政策を進め、政策上、競合する地域では度々対立が起こり、各国は有利な立場を占めるために、同盟や協商関係の構築、あるいは再構築を図って自国の政策を推し進めた結果、当時の安全保障環境は、勢力バランスが微妙に保たれることで、衝突が回避されるという状態だったんだ。

　このような状況の下にバルカン半島でサラエボ事件が起きて、この事件を契機に第１次世界大戦に発展していくことになるんだよ。

　第１次世界大戦が始まる直前の列強は図のような関係で、イギリス、フランス、ロシアの３国協商と、ドイツ、オーストリア、イタリアの３国同盟（イタリアはイギリスの秘密工作によって脱退。）を軸とする戦いになったんだよ。

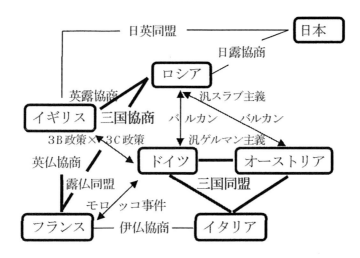

第1次世界大戦が始まる直前の列強の状況

　特に、第1次世界大戦前の安全保障環境で注目したい点は、国際社会で、自国の国益のみを追求した露骨な対外政策が横行すると、政策上、競合する地域では、戦争に発展する可能性を含んだ対立や紛争が起こるということなんだ。
　そして、この対立に関わる国々が同盟等の組織化に動くと、更に戦争が広域化する可能性が高まっていくんだよ。

　第1次世界大戦の頃の世界情勢なんて、ほとんど知らなかったよ。

第2章　安全保障環境　35
1. 安全保障環境の推移

爺

お爺ちゃんも同じ。多くの人が同じだと思うよ。産業革命以降の国際経済の変遷と各国の安全保障の変遷の相互関係の研究は、安全保障政策に多くの示唆を与えてくれそうな気がするので機会があれば挑戦してみたいね。

安全保障と経済は密接に関係しているんだね。

琉

爺
そうだね。

（3）第２次世界大戦前の安全保障環境

爺

　次に、第２次世界大戦前の安全保障環境について説明するね。１９１８年に第１次世界大戦が終了して、１９３９年には第２次世界大戦が始まるわけだけど、この間、わずか２０年しか経っていないことから、第２次世界大戦は、多分に第１次世界大戦後の情勢が開戦に影響したと考えてよさそうだね。

　まず、アメリカは、第１次世界大戦中、直接戦争の被害を受けることなく、軍需品をイギリスとフランスに輸出するとともに、多額の資金を貸し付けることで、債務国から債権国に変わって世界経済の覇者に成るんだ。

　戦後は、資金供給でヨーロッパの復興を支えるんだけど、１９２９年に、株価の暴落をきっかけに不況に陥って、これが世界大恐慌に拡大してしまうんだ。

　アメリカはニューディール政策や保護主義政策で不況の克服を図るんだけど、ヨーロッパはアメリカからの資金が途絶えて絶望的な経済状態になってしまうんだよ。

　このような中、イギリスとフランスは、自国の経済・産業を守るために、本国と植民地で構成する閉鎖的・保護的な経済政策、いわゆるブ

ロック政策を行ったんだ。

　アメリカは広大な国土を、イギリスとフランスは広大な植民地を保有していたから出来た政策だったんだよ。

　これに対して、第1次世界大戦の戦後処理を定めたベルサイユ条約は、ドイツに対して厳しい賠償を課すもので、領土に関しては、鉄鉱石の豊富なアルザス・ロレーヌ地方をフランスに割譲し、石炭が多く取れるザール地方は国際連盟の管理下に置き、国土の10％以上と植民地を取り上げ、賠償金として1320億マルクの支払いを要求し、軍備の保有を厳しく制限するという内容だったんだ。

　終戦後、ドイツは、アメリカの資金援助を受けて、戦後復興に取り組んでいたけど、この大恐慌で、アメリカの支援は途絶え、困窮の度は増して、国民の支持を得たヒトラー率いるナチスは、ベルサイユ条約で失った領土の回復を皮切りに、新たな領土（経済圏）の獲得に乗り出していくことになるんだ。

　日本やイタリアは、第1次世界大戦では戦勝国側だったけれど、イギリスやフランスのように、広大な植民地を持っていなかったために、不況克服の手段として、ブロック政策のような手法を採ることが出来なくて、経済圏の確保を

目的に、国際連盟を脱退してドイツと同じ行動に出ることになるんだよ。

琉

ねえ、お爺ちゃん。第2次世界大戦は、日本にとって、当時の列強と同じ侵略戦争だったの？

爺

当時の国際情勢の流れの中で、日本の行動（中国、東南アジア、太平洋諸島への進攻）のみを捉えれば、そういう一面もあったと言わざるを得ないだろうね。だけど、その面のみを捉えて、当時の日本について評価するのは片手落ちだと思うよ。

どういうこと？

琉

爺

日本が採った行動の背景も考慮する必要があるということだよ。

具体的にはね、1858年に、江戸幕府がアメリカ、ロシア、オランダ、イギリス、フランスとの間に結ぶことになった不平等条約は、領事裁判権（外国人の犯罪に日本の法律や裁判が適用できない。）を認めさせられ、関税自主権（輸入品にかける関税を自由に決める権限）を放棄させられるという内容のもので、明治新政府も継承せざるを

第2章 安全保障環境　39
1．安全保障環境の推移

得なくて、これを独立国としての対等な条約内容に改正できたのは、1911年（明治44年）で、この間、約半世紀に渡る不平等条約の改正交渉を必要とし、更に、日清・日露の２つの戦争に勝利を収めなければならなかったんだよ。

　つまり、当時の列強は、日本を対等な独立国として認めないどころか、植民地の対象ぐらいにしか考えていなかったんだよ。

　このような情勢の中で、独立と安全を求めて、1939年、第２次世界大戦に参戦していった国（政府）のことを思うと、単純に侵略戦争と断じ切るのは返って問題があるように思うよ。この件は大切な問題だけど、本題から外れるので、この辺でやめて先に話を進めるね。

分かった。

爺

　今、説明したような状況の下で、ヨーロッパでは、1939年、ドイツのポーランド侵攻に伴い、イギリスとフランスが、ドイツに宣戦を布告して第２次世界大戦が始まったんだよ。

　そして、1940年には、イタリアが、イギリスとフランスに宣戦布告して参戦するんだ。

　日本は、さっき説明したように、経済圏の獲得によって世界大恐慌を克服しようとして、

１９３１年に中国大陸に進出したんだ。これが満州事変だよ。その後、１９３７年に日中戦争に拡大し、１９４０年、フランスの降伏に伴い、当時フランス領だった東南アジアにも進出していくんだ。

このような日本の中国・東南アジアへの進出に対して、中立国だったアメリカは、欧米の権益を守るために、日本に対して石油輸出を禁止する等の経済制裁を科し、態度を硬化させていった結果、１９４１年に、日本がアメリカに宣戦を布告することになるんだ。

この戦争は、日本、ドイツ、イタリアによる三国同盟を中心とする枢軸国陣営と、イギリス、ソビエト、アメリカ、中華民国等の連合国陣営との間で戦われた世界規模の戦争なんだよ。

世界大恐慌への対応策がブロック政策や保護主義政策だけしかなかったのが大きな問題だったみたいだね。

琉

爺

そうだね。

（4）第2次世界大戦を通じて得た安全保障上の教訓

爺

　第2次世界大戦を通じて、戦後の安全保障環境の形成に影響を与えた要因について説明するね。
　まず、ロシア帝国は、第1次世界大戦の最中、二月革命から十月革命を経て終焉を迎え、変わって、ロシア共産党が政権を奪取して、1922年にソビエト社会主義共和国連邦を樹立させたんだ。
　そして、第2次世界大戦では、連合国陣営としてドイツと戦うのだけど、ヤルタ会談以降、占領下にあったポーランドを社会主義国化させたため、アメリカ、イギリスとの対立が決定的になり、これ以降、アメリカを中心とする資本主義諸国とソ連を中心とする共産主義諸国間のイデオロギー対立が表面化して、東西冷戦構造が出来上がっていくんだ。
　また、第2次世界大戦に至った背景を踏まえ、その反省から戦前の体制等に関し、いくつかの改善がなされるんだよ。
　1つは、第1次世界大戦の教訓から戦争の生起を防ぐ目的で国際連盟が創設されたにもかかわらず、第2次世界大戦を防ぐことができなかったため、国際連盟の問題と考えられるところを修正して新たに国際連合を発足させることになるんだよ。

改善点は、アメリカ、ソ連などの大国を加入させることと、加入させた大国の脱退と、脱退に伴う国際的な孤立化を防ぐことだったんだ。戦後の国際連合では、大国は全て参加し、大国を脱退させない措置として拒否権を与えることにしたんだよ。

琉

　でも、戦後の国際連合の場で、アメリカとソ連が拒否権を乱発したために、国際連合はあまり機能しなかったと言われているじゃない。拒否権なんて、与えない方が良かったんじゃないの？

爺

　それは、何とも言えないよ。拒否権が在ったおかげで、ソ連が国際連合から脱退しなかったとも考えられ、結果として戦争にならずに東西冷戦が終結したという見方もできて、拒否権の意味はあったかもしれないよ。

琉

　確かに、国際社会で、大国が孤立化すると話し合いの場を持つことが難しくなりそうだね。

爺

　第2次世界大戦の反省から生まれた改善の2つ目は、アメリカを中心とする資本主義諸国間で行うことになった施策で、ブロック政策（ブロッ

ク経済）の禁止と自由貿易の推進だよ。

　日本、ドイツ、イタリアの枢軸国陣営が、イギリス、フランス、アメリカのブロック政策や保護貿易政策によって、その経済圏から締め出されたために、新たな経済圏を求めて他国の領土へ進出しなければならなくなったという教訓から、アメリカ主導で、ブレトンウッズ体制という戦後の経済体制を構築したんだ。

　この経済体制は、保護貿易を排し、自由貿易を推進して世界の経済発展を目指すというもので、具体的には、ドルを基軸通貨とした固定為替相場制をいうんだよ。そして、更に貿易障壁を取り除いて自由貿易を維持・拡大するために、関税貿易一般協定（GATT）も併せて締結することにしたんだ。

ふうん。

琉

爺

　そして、更に、第2次世界大戦の反省を踏まえた改善の3つ目は、ヨーロッパで起こるんだよ。

　フランスとドイツは、お互いの国境付近にある石炭と鉄の利権を巡って度々争いを起こしていたんだけど、互いに利権を譲り合わなければ争いは絶えないという判断から、フランスの呼びかけで、1951年に、国家の枠組みを超え

た国際的な管轄機関として「ヨーロッパ石炭鉄鋼共同体（ECSC）」を創設するんだ。参加国は、フランス、ドイツ、イタリア、ベルギー、ルクセンブルク、オランダの6カ国でね、その後、利権を巡る争いが起こらないように各国の経済を歩み寄らせ、1958年には、「ヨーロッパ経済共同体（EEC）」と、「ヨーロッパ原子力共同体（EURATOM）」を新たに発足させて、経済連携を始めとする協力の枠組みを拡大していくんだ。

そして、1967年に、3つの組織を統合して、「ヨーロッパ共同体（EC）」を発足させ、1970年代にはイギリス、アイルランド、デンマークが加盟することになるんだ。

ヨーロッパ共同体（EC）は、争いの原因を取り除いて、ヨーロッパで二度と戦争を起こさないようにするために生まれた組織なんだね。

琉

爺

2度の世界大戦の反省を踏まえた改善策は、次の3つにまとめることができるよ。
① 国際連盟の機能を強化した国際連合の発足
② 保護主義政策の排斥と自由貿易の推進
③ 国家の枠組みを超えた利権の共同管理構想の具体化と推進（EEC～EC）

第2章　安全保障環境　45
1．安全保障環境の推移

（5）第2次世界大戦後の安全保障環境

爺

　それじゃ、第2次世界大戦後の安全保障環境がどのようになったか説明するね。

　ドイツや日本の敗戦が色濃くなって来た1945年2月に、アメリカ、イギリス、フランス、ソ連の4か国によって、戦後の体制を取り決めるためにヤルタ会談が開かれるのだけど、さっき説明したように、この頃、既にアメリカを始めとする資本主義国とソ連を中心とする共産主義国との間にイデオロギー対立が表面化し始めていたんだ。

　1947年、アメリカは、戦争によるヨーロッパ諸国の経済的疲弊が共産主義の浸透を許すことを危惧して、ヨーロッパの復興と、経済的自立の達成を目的に、マーシャルプラン（欧州復興計画）を推進し、これに対してソ連は、1947年にコミンフォルム（共産党情報局）、続いて1949年に、経済相互援助会議（COMECON）を発足させて対抗し、対立構造は逐次本格化していくんだ。

　そして、ソ連のベルリン封鎖を機に、1948年、アメリカ、イギリス、フランス、ベルギー、カナダ、ノルウェー、イタリア等12カ国によって、軍事同盟を結成する条約が締結されて、北

ベルリンの壁（ベルナウアー通り）1977.8撮影

大西洋条約機構（NATO）を発足させるんだ。
　東側諸国は、当初、西側諸国の単なる軍事同盟として静観していたんだけど、１９５５年に、西ドイツの北大西洋条約機構（NATO）への加盟に伴い、東側諸国は、ソ連を中心とする軍事同盟（ワルシャワ条約機構）を設立するんだよ。

　西ドイツが北大西洋条約機構（NATO）に加盟したから、東側諸国も軍事同盟（ワルシャワ条約機構）をつくったの？

琉

爺

　そうだよ。西ドイツが北大西洋条約機構（NATO）に加盟しなければ、西側諸国の最前線は、オランダ、ベルギー、ルクセンブルク、イタリアだったのだけど、西ドイツが北大西洋条約機構（NATO）

に加盟することによって、西側諸国の最前線は、西ドイツとなり、東ドイツ、チェコと接することになるんだよ。東側諸国から見れば、最前線が、東ドイツ、チェコの東側陣営に直接接触する態勢になるため、安全保障上放って置けなくなったんだよ。

　別の表現をするなら、西ドイツは、西側陣営と東側陣営の間で緩衝地帯の役目をしていたのが、西側陣営の一員に役割を変えたため、両陣営が直接対峙する態勢に変わってしまったんだ。

　このため、東側陣営も、軍事同盟を設立して、西側陣営の侵略に対して直ぐに対応できる態勢を作らなければ危険だと考えたんだよ。

琉　そうか。第２次世界大戦後の安全保障環境（東西冷戦構造）が構築されていく様子が分ったよ。

　整理すると、第２次世界大戦の教訓から戦争が起こらないように国際連合は設立されたものの、アメリカを中心とする資本主義諸国とソ連を中心とする共産主義諸国の間の政治的、軍事的、経済的な世界を二分する対立構造が出来上がってしまったということでしょ？

爺　そうだね。そして、特に、アメリカを中心とする資本主義諸国（西側諸国）間では、第２次世界大戦の教訓から、ブレトンウッズ体制の下に自由貿易を推進して経済を発展させていくことになるんだ。

琉　ソ連を中心とする共産主義諸国は？

爺　資本主義経済は企業が自己の資本を基に利益を追求する仕組みなのに対して、社会主義経済は国家が生産手段を持って計画的に生産活動をする仕組みなので、全く異質な経済体制なんだよ。

　そして、この社会主義経済体制は、当時、歴史的に出来上がったばかりの体制だったんだ。

（6）東西冷戦崩壊直後の安全保障環境

米・ソを中心とする東西冷戦は、約40年も続くんだよね。

琉

爺

そうだね。1989年に米・ソ両首脳がマルタ島で冷戦終結を共同宣言するまで続いたんだよ。

東西冷戦直後の安全保障環境は、ソ連が敗北する形で、米ソの対立という枠組みがなくなって、世界的な規模の武力紛争が起こる可能性は低くなった反面、米ソという超軍事大国の対立で抑え込まれてきた宗教や民族上の対立が表面化し、イラクのクェート侵攻、ユーゴスラビア内戦等、複雑で多様な地域紛争が世界各地で発生し出すんだ。

冷戦の崩壊によって、1991年に、ソ連は、連邦を構成していた15の共和国が分離・独立するとともに、ワルシャワ条約機構も解体することになったんだよ。

また、ヨーロッパ共同体（EC）は、1967年に発足後、経済の連携協力を進めて、1980年代にはギリシャ、スペイン、ポルトガルが追加加盟する他、1985年に、人、商品、サービスの移動の自由を可能にするシェンゲン協定が結ばれたんだ。

琉

爺

ふうん。

　冷戦直後のもう一つの特色は、中国が本格的に発展に取り組み出したことなんだ。

　冷戦が終わりに近づく１９７８年に、中国の最高指導者だった鄧小平という人が、経済建設を最優先するという方針を出して対外開放政策を始めるんだよ。

　これは、社会主義という国の体制を崩さずに、国内の限定した場所に、資本主義国の資本や技術を誘致して、経済を発展させようとするものなんだ。

　そして、更に、１９８２年に、軍の近代化を指示するんだけど、そのことについて、ウィキペディアでは、中国軍は、覇権国家への成長を目標として次のような海軍建設計画を作成したと紹介しているんだよ。

【海軍建設計画】

１９８２年～２０００年	中国沿岸海域の防備体制の強化
２０００年～２０１０年	第１列島線内部（近海）の制海権の確保
２０１０年～２０２０年	第２列島線内部の制海権の確保
２０２０年～２０４０年	アメリカ海軍による太平洋等の独占支配の阻止

爺

そしてね、経済建設と海軍建設を進めるに当たって、鄧小平という人は、中国古来の兵法にある「韜光養晦（トウコウヨウカイ）」という策を使って、国力が整わないうちは、国際社会で目立ったことはせずに、じっくり実力を蓄えるという方針を対外政策として打ち出して、専ら、経済建設と海軍建設に努力を傾注するんだ。
（「孫たちへの贈り物」に記載説明）

琉

東西冷戦崩壊直後の安全保障環境を整理すると、1つ目は、米ソの軍事対立が無くなったこと、2つ目は米ソという超軍事大国の対立で抑え込まれてきた宗教や民族上の対立が表面化してきたこと、3つ目はソ連邦を構成していた共和国が分離・独立したこと、4つ目は中国が経済と海軍の発展に向けて力を入れ出したこと、そして、5つ目は東側諸国が社会主義計画経済から市場経済に移行し、世界中の国が自由貿易を推進するようになったことでしょ？

爺

そうだね。

（7）東西冷戦の崩壊から今日（2018年）に至るまでの国際情勢の推移

爺

それじゃ、東西冷戦の崩壊から今日（2018年）に至るまで、国際情勢がどのように推移してきたか、簡単に説明するね。

琉ちゃんが整理してくれたように、東側諸国も社会主義計画経済から市場経済に移行して、世界中の国が自由貿易を始めるんだよ。

まず、中国は、国家のコントロールの下に対外開放政策を進め、2010年には、国内総生産（GDP）で日本を抜き、アメリカに次ぐ世界第2位の経済大国に成長したんだ。

そして、ロシアは、当初、社会主義計画経済から市場経済への移行に困難を極めたんだけど、2008年にかけて、石油価格の高騰に伴う石油ガスの輸出収入の増加で経済成長を遂げて、大国としての復活を果たしたんだ。

中東、アジア、アフリカ地域を見ると、宗教や民族等の対立が表面化し、特に中東地域では、シリア内戦やイスラム国の勢力拡大によって、難民がEU各国に流れ込む現象がおきて、EU各国の負担は増大していくんだ。

東欧地域では、ソ連邦を構成していたバルト3国（エストニア、ラトビア、リトアニア）、ワルシャ

> ワ条約機構を構成していたポーランド、チェコ、ハンガリー、スロバキア、ルーマニア、ブルガリア等が北大西洋条約機構（NATO）とヨーロッパ連合（EU）に加盟して、各国の西欧化が進み、ロシアの警戒心は膨らんでいくんだよ。

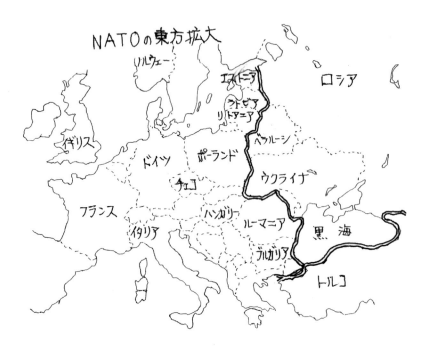

> ふうん。冷戦崩壊後の東側諸国の動きは、ロシアにとって見れば、かつての仲間が敵になったような感覚なんだろうね。

琉

爺　そのとおりだよ。ロシアは、北大西洋条約機構（NATO）の東方拡大に対して、しばしば警戒や反発を表明しているよ。

そうだろうね。

琉

爺　欧州連合（EU）は、１９９３年、マーストリヒト条約により、域内国境のない地域の創設（人、商品、サービスの移動の自由等）や経済通貨統合の設立（ユーロ導入）等を通じて経済・社会発展を図り、将来の政治統合を目指して発足するんだけど、２００９年に欧州債務危機が起こるんだよ。

欧州債務危機って何？

琉

爺　それはね、ギリシャの財政問題に端を発した債務危機が南欧から欧州全域に広がった一連の経済危機のことだよ。
　この危機の背景には、ギリシャを含むPIIGS（ポルトガル、アイルランド、イタリア、スペイン）と呼ばれる国々が財政上の構造問題を是正することなく放漫財政を続けた問題があるんだ。

危機は収まったの？

琉

爺

EU、欧州中央銀行、IMFは、増税、公務員の削減や公的年金の加給年齢の引き上げなど厳しい緊縮財政の実施を条件に債務国を支援して、一応の収まりを見せるんだけど、この債務国の問題は根本的に解決されていないんだよ。

ふうん。EU内も加入した時期や地域でいろいろな事情を抱えているんだね。

琉

2 東西冷戦の崩壊から今日（２０１８年）に至るまでの間の安全保障環境の質的変化

（１）超大国を始めとする各国の露骨な国益優先政策の顕在化

ア．ロシアによるクリミア半島の軍事占領

爺

　それでは、東西冷戦の崩壊から今日にいたるまでの間の安全保障環境の質的変化の様子について、具体的に例を挙げて説明していくね。

　まず、各国が、自国の国益を露骨に優先する行動を採り出したために、摩擦や軍事行動を含む衝突が増えて来たと感じる点について説明するね。

　１つ目は、ロシアのクリミア半島の占領だよ。これは２０１４年に、ウクライナという国で親ロシア派の政権が崩壊した時に、ロシアは、クリミア半島のロシア系住民を保護するという名目でクリミア半島に軍事侵攻し、その占領下、ロシア系住民によってウクライナからの独立を問う住民投票を行わせ、クリミア自治共和国とセバストポリ特別市をクリミア共和国として独立宣言させてしまったんだ。

　そして、ロシアは、そのクリミア共和国の独立を承認して、クリミア共和国によるロシアへの編入要請を受け入れるという形でクリミア半島を併合してしまったんだ。

爺　この後、更に、ロシアは、ウクライナ東部に軍事侵攻して、現在もそのまま居座っているんだよ。
（「孫たちへの贈り物」に記載説明）

悠　２１世紀だというのに、未だにこんなことをする国があるんだね。

爺　東西冷戦時代は、ソ連（ロシア）と北大西洋条約機構（NATO）との間に、ソ連（ロシア）にとって、安全保障上の緩衝地帯の役割を果たした東

独、ポーランド、チェコ、ハンガリー等のワルシャワ条約機構（WPO）の国々が存在していたけど、冷戦の終結によって、NATOは存続する一方、ワルシャワ条約機構（WPO）は解体となり、その構成国が北大西洋条約機構（NATO）に加盟したため、ロシアにとっては、安全保障上の役割を果たす緩衝地帯がなくなっただけではなく、脅威の対象となる北大西洋条約機構（NATO）と直接対峙する状態になったことが、この侵略の1つの原因と考えられるけど、自国の安全保障のために、他国の領土を侵略するという露骨な国益優先の行動は、第1次、第2次世界大戦前の列強の姿を思い起させるね。

ほんとにそうだね。

悠

イ　中国による南沙諸島の占領・軍事基地化

爺

　2つ目は、中国の南沙諸島の占領だよ。南シナ海の岩礁は、フィリピン、マレーシア、ブルネイ、ベトナム、台湾、中国のそれぞれの国々が領有権を主張し合っていて、どこの国に所有権があるのかはっきりしない状態なのに、中国は、2014年以降、強引に次々と岩礁を埋め立てて、そこに飛行場や港、居住施設等の軍事施設を造って

第2章　安全保障環境　59
2．東西冷戦の崩壊から今日…

実効支配するという行動に出たんだよ。(「孫たちへの贈り物」に記載説明)

フィリピンが国連海洋法条約に基づいて仲裁裁判所に提訴したんじゃなかったっけ？
悠

爺
そうだね、２０１７年に南シナ海仲裁裁判所は、「中国の力による現状変更は国連海洋法に違反する。」という裁定を下したけど、中国はこの裁定を無視し、占領と軍事基地化を進めているんだよ。
　この動きや、世界第２位の経済大国への成長は、最近では、「韜光養晦（トウコウヨウカイ）」を必要としないところまで国力が充実してきたと考えられ、まるで、充実した国力を背景に中華思想を体現しているように見えるんだ。
　これも明らかに自国の露骨な国益を優先する前時代的な行動と思えるね。

そのとおりだね。
悠

ウ　米中貿易戦争の拡大
（ア）概　要

爺
　３つ目は、今、世界中が注目している米・中貿易戦争だよ。２０１６年の大統領選挙で当

選したトランプ大統領は、大統領就任後、約２５００億ドルに上る対中国貿易赤字の解消を目指して、閣僚級の交渉や、首脳会談に臨むのだけれど成果を上げることができず、２０１７年度の赤字額が、過去最高の２７５８億ドルに達したため、２０１８年１月に、緊急輸入制限措置として、太陽光発電パネルに３０％、洗濯機に２０％の追加関税を課すことを発表して、更に３月に、鉄鋼に２５％、アルミニウム製品に１０％の追加関税措置を発動したんだ。

これに対して、中国は、４月に１２８品目のアメリカ製品に１５〜２５％の報復関税措置を行うと発表し、この後、相互に報復関税措置を繰り返して、貿易戦争の様相を呈して行き、２０１８年１１月現在、収まる気配がない状況なんだよ。

悠

１１月の「米中間選挙２０１８」が終われば、アメリカが譲歩して収まっていくんじゃないの？

爺

そういう見方をする人もいるけど、お爺ちゃんは、この米・中の対立は簡単には収まらないと思っているよ。

悠

どうして？

爺　この対立は、貿易不均衡の解消という形で始まったけど、対立の本質的な要因は別にあると考えているよ。

(イ)米中対立の本質的な要因その1（経済体制の覇権争い）

悠　どういうこと？

爺　対立の本質的な要因の1つ目は、中国の経済体制だよ。中国政府は、1978年に、地域を限って資本主義経済諸国の資本や技術を中国経済に導入する経済体制の改革に着手し、1993年には、市場原理を導入した「社会主義市場経済」を確立して、経済政策の基本方針に据えたんだ。

　これは、国家資本主義と言われる経済体制で、国家が国営・国有企業などを通じて市場に積極的に介入して経済発展を目指すという仕組みなんだけど、日本を始め、アメリカ、欧州は、自由主義経済体制で、企業が市場原理に基づいて、自由に競争して経済発展を目指すという仕組みのため、特に、自由主義経済体制を採っている国々には受け入れられない体制なんだよ。（「孫たちへの贈り物」に記載説明）

悠　どうして？

62

爺

　第２次世界大戦の教訓からブロック政策や保護貿易を止めて自由貿易をしようということにしたでしょ。
　これは、企業取引に国が関税や輸入の数量規制等で介入すると企業間の公正な取引が出来なくなってしまうからなんだよ。国が関与する企業が、どうしても有利になってしまうからね。

　そうか。でも、今、中国は世界中の国の企業と取引しているじゃない。なんで今頃問題にするの？

悠

爺

　そうだね。中国は、１９８６年に、ＷＴＯ（世界貿易機関）の前身であるＧＡＴＴ（関税及び貿易に関する一般協定）に加盟を申請して、ようやく２００１年に、WTOに加盟することができたのだけど、当時、WTOは中国を国家資本主義体制のまま加盟させてしまったんだ。
　WTOは、市場経済原則によって世界経済の発展を図るという目的を持つ機関なので、中国の加盟に当たっては、本来、WTOの目的に適う加盟の方法、例えば、国家資本主義から自由主義経済への経済体制の変更を約束する計画の提出を中国に対して求めるべきだったかもしれないね。

第２章　安全保障環境　63
2．東西冷戦の崩壊から今日…

どうしてそうしなかったの？

悠

爺

当時、一部の評論家の間で、中国がWTOに加盟して、自由主義経済体制の一員として行動すれば、そのうち、自由化、民主化していくだろうという楽観論が取り沙汰されていて、今思えば、お爺ちゃんも含めてかなり多くの人が同じように考え、そういう空気感に支配されていたような気がするよ。

そして、当時の中国は、世界に影響力を与えるような経済大国ではなかったので、中国を警戒するような意見は少なくて、むしろ、中国市場に商機を求めてWTO加入を後押しするようなムードがあったように思うんだ。

そうか。今から、中国に国家資本主義体制を改めるように交渉できないの？

悠

爺

交渉しても、中国が言うことを聞かないと思うよ。

どうして？

悠

爺

中国がここまで強大な経済大国になれたのは、国家資本主義体制を採っていたからだよ。

国家の計画に従って、輸入規制や補助金等で

産業を育て、外資導入に伴う技術移転の強要等で技術を獲得してきたから、現在の地位を獲得することが出来たんだよ。

　もし、中国が自由主義経済体制に移行して、WTOルールに従って行動していたら、中国企業は先進資本主義諸国と同じ土俵で争うことになるから、未だに先進資本主義諸国を追いかける立場だったと思うよ。

　中国は、現在の地位を築くことができた国家資本主義体制を捨てることはないと思うし、むしろ、開発途上国を中心に、経済体制の標準として国家資本主義体制を普及する取り組みに出る可能性の方が高いと思うよ。

　こうなると、これは自由主義経済体制への挑戦で、アメリカにとっては安全保障上の脅威に繋がっていくんだよ。

（ウ）米中対立の本質的な要因その２
　　　　　　　　　（次世代産業・技術の覇権争い）

爺

　対立の本質の２つ目は、AI等の次世代産業技術の覇権を巡る問題だよ。

中国政府の掲げる産業高度化計画「中国製造２０２５」に対するアメリカの認識は、国家資本主義経済体制の下で、不公正な補助金や技術移転の強要によって、次世代産業を保護・育成すると

第2章　安全保障環境　65
2．東西冷戦の崩壊から今日…

いうもので、このまま放置すれば、将来、中国が世界経済並びに次世代技術を支配することになるのではないかと神経を尖らせているんだ。

次世代産業技術は、両国にとって単なる通商経済問題ではなく、安全保障に直結する問題なので、どちらも簡単に引き下がることはないと思うよ。

そうか。

（エ）米中対立の本質的な要因その３
（戦略態勢上の覇権争い）

最後に、対立の本質の３つ目は、中国の広域経済圏構想「一帯一路」だよ。

中国の広域経済圏構想「一帯一路」って何？

２０１８年１０月４日付け日経新聞に、「中国と欧州を結んだ交易路、シルクロードに沿って中国が構築を目指す経済圏の構想。２０１３年に習近平国家主席が提唱した。中央アジアを通る陸路（一帯）と、東南アジアからインド、中東を通る海路（一路）の２つのルートがある。沿線には中国を含めて計６５カ国あり、合計の人口は４４億人を超える。

中国が道路や港湾などのインフラを建設し、貿易や人の交流を促し『親中国』の経済圏をつ

くる。通貨人民元を沿線国で使ってもらい、元の国際化を後押しする狙いもある。」と経済圏構想について簡明に紹介され、併せて、中国のインフラ建設投資支援を受ける国の債務について危惧する記事が載っていたんだけど、この記事が対立の本質的な要因の3つ目の問題なんだよ。

どういうこと？

爺

悠

　中国は、国際貿易で稼いだ資金を使って、毎年、沿線64カ国向けに直接投資を行い、2017年度は、前年比32％増の201億ドル（2兆2千億円）の投資額になったんだよ。
　国内のインフラ整備資金に悩む途上国にとって、この中国の投資は魅力的に映り、多額の債

務を負う途上国が相次いで、特に、スリランカは借金返済に行き詰まって、整備した港湾を中国に実質譲渡しなければならなくなったんだ。

スリランカのように借金返済に行き詰まる可能性のある国は、現在、8カ国あると言われているんだよ。

アメリカは、このように、中国が広域経済圏構想「一帯一路」を通じてアジアやアフリカで影響力を強めることに安全保障上の警戒を仕出したんだよ。

悠

広域経済圏構想「一帯一路」で、アジアやアフリカに影響力を強めると、どうして安全保障上の脅威に繋がるの？

爺

1つは、スリランカは借金返済に行き詰まって、整備した港湾を中国に実質譲渡しなければならなくなったと言ったでしょ。

例えば、スリランカが譲渡した港湾が中国海軍の軍港に使用されないという保証は全くなく、スリランカのような国が増えて、広域経済圏構想地域内に中国の軍事施設が建設され出したら、世界的な安全保障環境を著しく損ねてしまうからね。

中国領土ではない南沙諸島を勝手に埋め立てて、軍事基地を建設したやり方を見れば、簡単

に想像できるでしょ。

　もう一つは、開発途上国に対して、国家資本主義体制を経済体制の標準として普及する可能性が考えられると言ったことを覚えている？

　もし、将来、広域経済圏構想「一帯一路」が、中国を中心とする国家資本主義体制の強力な経済圏になったら、アメリカを中心とする資本主義諸国は、経済活動（経済競争）で太刀打ちできないどころか、最悪、自由経済体制（同市場）も縮小して、衰退の一途を辿るということも十分に考えられるんじゃないだろうか？

悠

　そうか、開発途上国の中には、中国の投資に魅力を感じている国は多そうだし、ほんとに心配だね。

爺

　米・中貿易戦争と言われる対立の本質は、単なる貿易収支の問題ではなく、安全保障に繋がる問題のために、そうそう簡単に収まるということはないと思うよ。むしろ、今説明した問題の解決は難しそうなので、米・中新冷戦というような状況に発展するんじゃないかって心配しているよ。

第2章　安全保障環境　　69
2．東西冷戦の崩壊から今日…

（2）第2次世界大戦の教訓から築かれた平和維持体制の崩壊の兆し

ア　EU内の不協和音

爺　次に、第2次世界大戦の教訓から築かれた平和維持の体制が壊れだしているように感じている点について説明するね。

悠　うん。

爺　ヨーロッパで二度と戦争を起こさないようにという願いから誕生した欧州連合（EU）の様子から説明するね。

　2009年にギリシャの財政問題に端を発した欧州債務危機の話をしたでしょ。この時、ギリシャは、債務不履行（デフォルト）が心配される状態になったため、2010年以降、国際通貨基金（IMF）やEU等から、緊縮財政を実行することを条件に金融支援を受けて、財政改革に取り組んだんだ。

　2012年までは財政面は徐々に改善していったんだけど、景気は落ち込んで、国民生活は苦しくなって、大規模なデモや暴動が多発したんだ。そして、2015年、緊縮財政に疲れた国民の支持を得て、最大野党で反緊縮派の急進左派連合が総選挙で勝利し、チプラス政権が誕生して、緊縮財政の拒否に動くんだけど、国

民の緊縮財政への反対は、EUの離脱までを覚悟したものではなかったので、結局、財政再建を継続することになるという騒動が起きたんだ。

　また、イタリアでは、2018年3月の総選挙で、欧州連合（EU）に批判的な、ポピュリズム政党「五つ星運動」と極右政党の「同盟」がそれぞれ躍進して、連立政権を樹立したんだ。そして、経済再建計画として財政赤字の拡大方針を決めたんだけど、これに対して、EUは反発し、イタリアの2019年度予算で、財政赤字が拡大するようであれば修正を求めることが必至だろうと言われているんだよ。

そうか、戦争の傷跡も癒えて、初心を忘れて、我を出し始めたという感じだね。

悠

爺

そうなんだよ。もともと欧州連合（EU）は、"ヨーロッパから戦争を無くしたい"という欧州諸国民の願いが設立の動機となって結成されたんだけど、今、ギリシャとイタリアの様子を説明したのは、この設立動機が揺らぎだして、自国の国益を優先した姿勢が目立ち始めたことを説明したかったからなんだよ。同じ視点から、ドイツでも、債務国に対する多額の支援に反対する国民が増えているんだ。

第2章　安全保障環境　71
2．東西冷戦の崩壊から今日…

悠

どうして？

爺

放漫財政で豊かに暮らしてきた南欧諸国民の借金を、何故、真面目に働いてきたドイツ国民の税金で助けなければならないんだという思いからだよ。

この点も、ドイツ国民の気持ちは十分に理解できるのだけれど、"ヨーロッパから戦争を無くしたい"という欧州連合（EU）の設立動機が、揺らぎだしたことを裏付ける一例だと思っているよ。

ギリシャも、イタリアも、ドイツも、それぞれの国民感情はよく理解できるのだけれど、このような状況の中で、"ヨーロッパから戦争を無くしたい"という欧州連合（EU）の設立動機を忘れてはならないという声が上がって来ないばかりか、協力して問題解決に当たろうという動きも見えてこないのが、気になるし、問題だと感じているんだよ。

悠

そうだね。だけど、とても難しい問題だよね。

爺

そうだね。悠ちゃんが難しいと感じるのは、「緊縮財政から逃れたい。」、あるいは「自分が苦労してまで、なんで一生懸命働かない人達を助けなければならないんだ。」というような自分を犠

牲にするだけでなく、自分の犠牲を代償に身勝手な人を助けるような奇特な行いは、現実的に、無理だと思うからでしょ？

うん

悠

爺
お爺ちゃんも本当にそう思うよ。だけど、戦争を無くすということは、こういう難しさを克服していかなければ実現できないとも思うんだよ。

そうか。

悠

爺
　欧州連合（EU）の変化の様子で、もう一つ加えて話しておきたいことがあるんだ。それは、イギリスのEU離脱問題だよ。欧州債務危機と中東難民のEU域内への大量流入に伴い、イギリス国内で、反大陸欧州感情に火が付いて、２０１６年に、EU離脱を巡って国民投票が行われて離脱が決まったんだよ。
　これも"ヨーロッパから戦争を無くしたい"という欧州連合（EU）の設立目的に逆行する例の一つだと考えているよ。
　そして、取り上げた全ての例に共通していることは、それぞれの国（国民）の姿勢が、自国の国益を最優先に据えている点なんだよ。

第２章　安全保障環境　73
2．東西冷戦の崩壊から今日…

確かにそうだね。

悠

イ　アメリカによる自由貿易体制の破壊行動

爺

　次に、２０１６年にトランプ氏が第４５代大統領に就任して以来、アメリカの行動が今までと全く変わってしまったんだよ。

　第２次世界大戦後、アメリカは、東西冷戦から冷戦崩壊を経て今日まで、「自由と民主主義」の理念を世界に広げる資本主義陣営の盟主として、リーダーシップを発揮してきたんだけど、トランプ大統領は、就任後、「アメリカ第１主義」を公然と公言し、貿易赤字の削減を目指して、WTO設立協定違反への抵触をも省みず、同盟国をも対象に露骨な国益優先の通商政策を繰り広げているんだよ。

　具体的には、北米自由貿易協定（ＮＡＦＴＡ）の再交渉を開始し、メキシコに、自動車関税をゼロにする条件として「原産地規則」の強化を受け入れさせた他、更に、乗用車の対米輸出台数が２４０万台を超えた場合に２５％の高関税がかかる数量規制を合意させたんだ。

　また、米韓自由貿易協定（ＦＴＡ）の見直しで、韓国は、鉄鋼の輸出量を直近３年間の７割に制限することを合意させられ、更に、ブラジルも鉄鋼輸入を過去３年間の平均７割に制限する数

74

量枠を設けることで鉄鋼の追加関税の免除が決まったんだよ。

この数量規制は、例えばドル高で、各国の対米輸出が好調に推移しても、数量規制枠を超えた段階で高関税がかかって、アメリカの産業は保護される仕組みになっていて、貿易の自由化には全く逆行するものなんだよ。

アメリカは、第2次世界大戦の反省から、ブロック政策や保護貿易政策を禁止して、自由貿易を推進させるための経済体制（ブレトンウッズ体制）の構築を主導し、戦後、自由貿易の旗手として国際社会をリードしてきたのにとても残念だよ。

今のアメリカは、これまでと真逆の行動で、歴史を戦前に戻そうとしているようだよ。

何で、こうなったんだろう？　トランプさんが大統領になったから？

悠

爺

お爺ちゃんは、何故こうなったかが、とても大切な視点で、今後、この点に注意してアメリカを見ていかなければいけないと思っているよ。

トランプ氏個人の問題というより、トランプ氏を大統領に選んだアメリカ国民、あるいはアメリカの状況について注視していかなければいけないと思っているよ。トランプ氏が大統領に

なってからこれまでの言動や行動と、それに応ずるアメリカ国民の様子を見ていると、どうも、「国の富の再配分」に本質的な問題があるように思えてくるんだけど、これは、また後で話すことにするね。

悠　うん。

悠

爺

ウ　国際連合の機能低下

　戦後の平和維持の体制が壊われる方向に動いていると感じる３つ目の事象は、国際連合だよ。
　クリミア半島を軍事侵略したロシアも、国際司法裁判を無視して南沙諸島を埋め立て軍事基地を建設した中国も、ＥＵを離脱するイギリスも、国益を最優先して自由貿易体制の破壊を進めるアメリカも、これらの国々は、全て国際連合の常任理事国なんだよ。
　こんな状態では、せっかく、第１次世界大戦の教訓を踏まえて、国際連盟から国際連合に改善しても、改善の目的が果たされるとは到底思えないね。

（3）戦争が起こり易い安全保障環境へ変化

悠

　お爺ちゃんが心配していることが分かってきたよ。
　各国は、両世界大戦前のような国益を最優先させる行動を採るばかりでなく、両大戦の教訓を踏まえて築いた国際平和を目指す態勢をも壊わすような行動をしているので、戦争が起こり易い環境に向かって変化しているように見えるんでしょ？

爺

　現在（２０１８年）の安全保障環境の状況を整理すると、まず１つ目の特色は、今、悠ちゃんが言ってくれたことが底流にあるんだ。
　そして、２つ目の特色は、経済体制、次世代技術、地政学的な戦略態勢上の覇権を巡る対立から米・中の冷戦が予想されるんだよ。
　３つ目の特色は、従来、西側諸国は、自由、民主主義、法の支配を共通の価値に据えて結束してきたのだけれど、アメリカ、イギリスの自国優先の行動やＥＵ内各国の軋轢から、今では結束に綻びが見られるんだ。
　これらのことから、現在は、東西冷戦時より質の悪い安全保障環境だと考えなければならないと思うよ。つまり、東西冷戦は、米・ソを中

心に西側諸国と東側諸国が世界を二分して、がっぷりよつに取り組んだ状態だったので、危険な状態ながら安定感のようなものがあったけど、現状は、米・中冷戦を取り巻く国々が、国益を最優先した行動を採るため、非常に不安定な状態にあるということなんだ。

4つ目は、大国としての復活を果たして、クリミア半島を併合し、ウクライナ東部を未だに軍事占領し続けるロシアが、国益のために、米・中対立や西側諸国の結束の弛緩を利用することが予想され、安全保障環境は一層不安定さを増すと考えられるんだよ。

ええ？　大丈夫なの？

悠

爺

あまり楽観はできないね。だから、最近は、一刻も早く防衛に関して国民的な議論がなされることを望んでいるんだよ。

次は、お爺ちゃんが考える「我が国の安全保障政策」論について説明をするね。お爺ちゃんの考え方について、「反対」、「賛成」、「分からない」、「間違っている」なんでもいいから意見が欲しいな。

第3章
私が考える我が国の安全保障政策

1 全　般

爺

　お爺ちゃんの「我が国の安全保障政策」論は、一言で言えば、冒頭で述べたとおり、目前の脅威にしっかり対応し得る防衛政策を確立して、併せて、戦争が起こることがないように国際政治の場から脅威を無くす努力（外交政策）をしていくというものだよ。

　まず、お爺ちゃんが考えている防衛政策、次いで外交政策について説明するね。

　我が国の防衛政策の説明に当たっては、防衛の対象、脅威、防衛政策の順に話を進めるね。

うん。

航

2 私が考える我が国の防衛政策

(1) 我が国の防衛の対象

爺

　国家として、守らなければならない対象は、「領土及び国民」、そして、「自由と民主主義と法の支配を基調とする国家体制」だと考えているよ。

　　どうしてそう思うの？

航

　国民については、説明はいらないよね。
　領土は、例え、無人島であっても取られてはだめだと考えているよ。
　それはね、日本を侵略しようと考える国に対して、日本は、例え無人島であっても領土は絶対に渡さないという断固とした態度と行動を示さないと、返って、侵略の誘惑を起こさせてしまうんだよ。

　　どういうこと？

航

爺

　他国を侵略しようと企てる時は、何も考えずに、欲求に任せて侵略するということは、まず考えられないんだよ。
　例えば、２０１４年にロシアがクリミア半島を占領したときも、「侵略開始前に、核戦争を

も想定して、あらゆる事態に備えた。」と、翌年の報道番組で、プーチン大統領が発言したことからも明らかなように、侵略を開始する前には、いろいろなことを想定し、分析や検討をするものなんだよ。この時も、ウクライナが国連に提訴し、ＮＡＴＯやアメリカと戦争になる最悪のケースから、各種の制裁措置を受けるケースまで、西欧諸国等の様々な対応を分析・検討したと思うよ。(「孫たちへの贈り物」に記載説明)

そうやって、侵略した場合の功罪を分析・検討して、実施すべきか否かを判断するんだよ。

航

そうか。ロシアは、核戦争も覚悟して侵略したなんて、相当の決心だったんだね。

爺

そういうことになるね。侵略前に、ロシアに戦争をも覚悟させたのは、当時、ＮＡＴＯやアメリカが、軍事侵攻など許さないという断固とした態度を示し続けてきたからだということを忘れてはいけないよ。

航

そうか、分かった。無人島くらいなら取られてもいいというような態度や発言は、判断を誤らせたり、侵略の誘惑を起こさせたりとか、相手に誤ったメッセージを送ることに

第3章　私が考える我が国の安全保障政策　81
2．私が考える我が国の防衛政策

なってしまうんだね。

爺
　そうだよ。これはとても大切なことなんだよ。
　次に、「自由と民主主義と法の支配を基調とする国家体制」を防衛の対象としたのは、ただ、お爺ちゃんがそういう国の国民でありたいと思うからだよ。

　そういうふうに言われると、どうして？って聞きにくいんだけど。なんかしっくり来ない感じ。

航

爺
　誤魔化すわけではなく、本当に、そういう国家体制であって欲しいと思っているけど、実は、この問題は、「国家観」に関わる問題で、この場に持ち出すと、お爺ちゃんが話を進めたい安全保障の問題がぼやけてしまいそうなので、この辺で話を終えて次に進めるね。

　分かったけど、お爺ちゃんが言う「国家観」のイメージが全く掴めないので、イメージだけでいいから説明してよ。

航

爺
　それはね。「どういう国にしたいか」ということだよ。例えば、大きな政府にして福祉を充実

させるか、小さな政府にして自由主義社会を追求するか、あるいは、その中道を求めるのかということだよ。

　そして、本来は、まず、この考え方を明らかにして、この考え方の下に、国家戦略を確立して、それに基づいて、安全保障政策を議論すべきだと考えるんだけど、自衛隊に三十有余年奉職したお爺ちゃんとしては、順番が逆なのは承知の上で、安全保障の話を先にしているんだよ。

分かった。

航

（2）我が国に対する潜在的な脅威

ア　全　般

爺

　我が国の脅威に成り得る国として、中国、ロシア、北朝鮮の動向を注視しておく必要があると考えるよ。

脅威に成り得るって、どういうこと？

航

爺

　脅威の有無や程度は、意思と能力で判断できるって言われていて、意思というのは、日本を侵略する意思のことで、能力というのは、日本侵略の意思を可能にする物理的な能力のことを言うんだよ。
　例えば、中国が「日本の島嶼の一部を占領するぞ。」という態度を示し、その占領に必要かつ十分な戦力や輸送手段等を準備して、侵略態勢を整え出したら、中国の島嶼侵略の脅威の程度は高くなったと判断することになるんだよ。分かった？

うん。

航

爺

　それじゃ、これから、中国、ロシア、北朝鮮について考えているところを説明するね。

イ 中国の侵略

爺

中国から説明するね。鄧小平の支持によって作られた海軍建設計画を覚えている？この計画は、まず、１９８２年～２０００年に中国沿岸海域の防備体制を強化し、次いで、２０００年～２０１０年に第１列島線内部（近海）の制海権を確保し、更に、２０１０年～２０２０年に第２列島線内部の制海権を確保して、最終的に、２０２０年～２０４０年までにアメリカ海軍の太平洋の独占支配の阻止を目的とする太平洋正面の対米作戦計画とされているんだ。

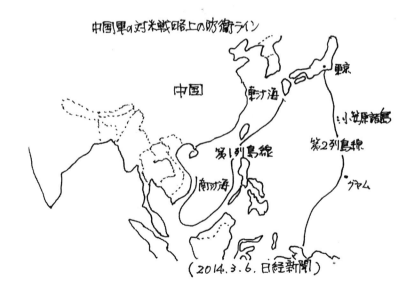

爺　そして、2013年6月に、習近平国家主席が、訪米に際して、オバマ大統領に対して言った太平洋の米・中共同管理の提案、また、同年11月に行われた「東シナ海防空識別区」の設定に関する中国政府の発表、更に、南シナ海の岩礁を埋め立て滑走路等の軍事施設の強化・拡充を進める一連の動きは、この対米作戦計画を具現する意思を裏付ける証拠と考えることができるんだよ。

航　海軍建設計画に沿って、太平洋正面の対米作戦計画をちゃくちゃくと進めているということ？

爺　そのように考えられるね。さっき、脅威の有無や程度は、意思と能力で判断できるっていう話をしたでしょ。

　アメリカが太平洋正面の中国の脅威を判断する場合の分析要領について、ちょっと考えてみようか。

　まず、アメリカの太平洋支配を阻止するという中国の意思、とりわけ現段階（第1列島線内部〔近海〕の制海権の確保）における意思の分析は、習近平国家主席の太平洋の米・中共同管理の提案や各種会議等における対米戦略に関する発言等を評価し、その意思を具現する能力の分析は、最近の中国の産業高度化計画「中国製造2025」に

86

基づく次世代技術の獲得状況、航空母艦や艦艇建造の状況にかかる報道、「東シナ海防空識別区」の設定、南沙諸島の埋め立てとその軍事基地化等の情報を評価し、これを踏まえて意思と能力を総合評価して、中国のアメリカの太平洋支配の阻止に係る現段階（第1列島線内部｛近海｝の制海権の確保）の脅威がどのようなものかを判断することになるんだよ。

アメリカにとっての中国の脅威の捉え方についてはイメージが沸いたけど、日本にとっての中国の脅威は、どういうふうに考えればいいの？

航

爺

そうだね。今まで話してきたように、中国の安全保障の対象はアメリカで、日本は中国の安全保障の成否を左右する存在という位置付けだよ。

どういうこと？

航

爺

中国の安全保障上、日本は中国に直接脅威を与える存在ではないんだけど、日本は、中国の対米戦略上考慮しなければならない価値を持った存在ということだよ。

よくわからないよ。どういうこと？

　それはね、中国の対米作戦計画では、２０００年〜２０１０年に、第１列島線内部（近海）の制海権を確保するという計画になっているんだけど、ここでいう第１列島線とは、南沙諸島（南シナ海）から、台湾、尖閣諸島、沖縄諸島を経て鹿児島に至る島嶼（しましょ）を連ねる線のことを指していて、この内、尖閣諸島から沖縄諸島を経て鹿児島に至る島嶼（しましょ）は、日本の領土なんだよ。
　この点について、もう少し掘り下げて考えることにするね。

うん。

　中国軍が、アメリカ軍を相手に、第１列島線内の制海権を確保できる可能性について白紙的に考えてみると、第１列島線内が中国沿岸部であることを考慮しても、現在の米中軍事力の差を考えるとかなり難しいんだよ。
　だから、南シナ海では、制海権を確保し得る可能性を高めるために、岩礁を埋め立て軍事施設を造ることによって、劣勢な軍事力をカバーしようとしていると考えられるんだ。
　また、東シナ海は、中国本土の沿岸部の海・

空軍と防空識別区だけなので、制海権の確保を目指すにはかなり不十分な状態なんだよ。

　この海域で制海権を確保し得る可能性を高めるには、少なくとも、尖閣諸島から沖縄諸島を経て鹿児島に至る島嶼（しましょ）部を支配下に治める必要性があるんだよ。

　つまり、中国が、対米作戦上、第1列島線内部（近海）の制海権を確保しようとすれば、尖閣諸島から沖縄諸島を経て鹿児島に至る島嶼（しましょ）を支配下に置くか、占領する必要性があるということになるんだよ。

航

　ええ！　それじゃ、米・中間の緊張が高まって、中国が、対米作戦上、第1列島線内部（近海）の制海権を確保しようと、本気になれば、なるほど、尖閣諸島、沖縄諸島、鹿児島が占領される脅威が高まっていくっていうこと？

　沖縄には、米軍基地もあるし、アメリカと同盟を結んでいるので、アメリカと中国が戦争になったら、日本も中国と戦争になっちゃうってことでしょ？戦争に巻き込まれないために、沖縄の米軍基地を無くして、日米同盟も止めた方がいいんじゃない？

爺

　航ちゃん、冷静に！　さっき、おじいちゃん

第3章　私が考える我が国の安全保障政策　89
2．私が考える我が国の防衛政策

が説明したことを思い出してごらん。

　尖閣諸島、沖縄諸島、鹿児島は、第1列島線内に有るんだよ。

　沖縄の米軍基地や日米同盟に関係なく、尖閣諸島、沖縄諸島、鹿児島は、中国にとって対米戦略上重要な地域なんだよ。

　だから、米・中の緊張が高まれば、日米同盟を結んでいようといまいと、中国による尖閣諸島、沖縄諸島、鹿児島占領の脅威は顕在化すると考えるべきなんだよ。

そうか。

航

ウ　ロシアの侵略

爺

　次にロシアの脅威について話をするね。

　ロシアの安全保障上の最大の脅威は、アメリカなんだよ。

　アメリカとロシアはお互いに脅威の対象として考えているわけでしょ。そして、日本とアメリカは同盟を結んでいるから、ロシアは、アメリカの脅威の対象であり、日本の脅威の対象でもあるということなの？

航

爺　そうだね。

航　じゃ、日米安全保障条約を止めれば、ロシアを脅威の対象にしなくて済むの？

爺　そんなに単純な話ではないんだよ。

航　どういうこと？

爺　それじゃ、そこら辺のことを理解し易いように、アメリカとロシアにとっての日本の一般的な価値について前にも説明したけど、おさらいするね。

航　うん。

爺

太平洋を挟んでアメリカと極東ロシアが描かれている地図を見てごらん。
ロシアと日本は、日本海を挟んで向かい合っているでしょ？

うん。

航

爺

　現在、日本はアメリカと日米安全保障条約を結んで同盟関係にあるから、ロシアは日米の同盟国と日本海を挟んで対峙することになるんだけど、この時のロシアとアメリカの太平洋正面の軍事的な態勢について観察してみると、ロシアにとって、有力な軍港は、日本海に面して所在するウラジオストク港しかないため、ロシアは、日本列島が障害となって、軍事力、特に海軍力を自由に太平洋に進出させることができない状態なのに対して、アメリカは、日本の支援の下に、海空軍の軍事力を太平洋は勿論のこと、日本海に進出させることができるんだよ。更に、アメリカは、横須賀港や佐世保港が使える他、

日本の支援を受けることができるため、太平洋正面の軍事的な態勢は、アメリカが圧倒的に優位にあると考えていいと思うよ。

　次に、もし、日本がロシアに占領されるか、ロシアと同盟を結んだ場合は、ロシアとアメリカは、太平洋で対峙することになるんだけど、この時のロシアとアメリカの軍事的な態勢は、さっきと大分違った景色になるよ。

爺　この場合のロシアは、日本海とオホーツク海を聖域化して、日本の施政下にある港や空港が使えるようになって、アメリカとほぼ互角の態勢になれると考えていいんじゃないかな。

日本海とオホーツク海を聖域化するって、どういうこと？

航

爺　ロシアの海空軍が、日本海とオホーツク海で安全かつ自由に行動できるようになるっていうことだよ。

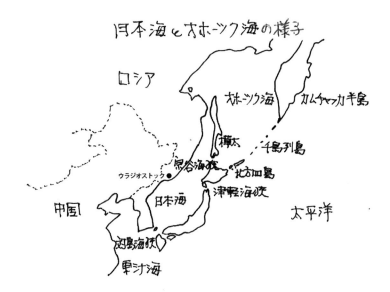

第3章　私が考える我が国の安全保障政策　　95
　　2．私が考える我が国の防衛政策

> どうして、安全かつ自由に行動できるようになるの？

航

爺

> 地図で日本海とオホーツク海の様子を見てごらん。
> 　日本海は、朝鮮半島と、日本列島と、樺太に囲まれた海で、入り口は宗谷、津軽、そして、対馬の3つの海峡しかないでしょ。
> 　日本がこの3つの海峡をロシアと協力して封鎖したら、ロシアと対立する国の軍艦や航空機は日本海に安全に入れなくなる反面、ロシア海空軍は安全かつ自由に行動できるようになるんだよ。
> 　そして、オホーツク海も、北海道と、カムチャッカ半島と、千島列島に囲まれた海なので、日本海と同じ理由で、ロシアの海空軍はここで安全かつ自由に行動できるようになるということだよ。

> そうか。

航

爺

> 聖域化できるということは、単に、日本海やオホーツク海で、艦船や航空機が安全かつ自由に行動できるということだけではなく、核ミサイル搭載原子力潜水艦を配置することによって、戦略核態勢を相当有利にすることができるんだよ。

アメリカはそんな状態を絶対に許さないだろうね。
日米同盟も、日露同盟も、どちらも怖い話だね。

もし、日本がロシアともアメリカとも同盟を結ばない場合は、どうなると思う？

どちらとも同盟を結ばずに、スイスみたいに中立を宣言すれば、どちらの国の利益にもならなくて済むんじゃないの。

国際政治の現実の姿として起こった「クリミア半島の侵略」を忘れたかい？
ロシアにとって、安全保障上、日本を支配下に置く場合と、置かない場合とでは、今、説明したとおり大変な違いがあるんだよ。
ロシアにとって、日本を支配下に置くということは、クリミア半島のようにかなり価値があることなんだよ。

ロシアにとって、日本を支配下に置くことが、そんなに価値があるなら、何で、東西冷戦の時に日本に軍事侵攻しなかったの？

第3章 私が考える我が国の安全保障政策　97
2．私が考える我が国の防衛政策

爺　それは、当時のソ連の書記長か、政府に確認しないと正確なところは解らないけど、ただ、もし、当時、ソ連が日本に対する軍事侵攻を考えたとしたら、同盟関係にあるアメリカとの戦争も覚悟しなければならなかっただろうから、日本への軍事侵攻に伴う功罪を分析・検討して、実行しなかったんじゃないかと思うよ。

航　そうか。それじゃ、もし、今、アメリカともロシアとも同盟を結ばないで孤立状態だったら、ロシアに占領される可能性もあるっていうこと？

爺　そうだね。可能性がないとは言えないだろうね。残念ながら、日本列島は簡単に中立を受け入れてもらえない場所にあるんだよ。

航　日米同盟の有無に関係なく、アメリカとロシアが互いに脅威の対象に成り得る限り、ロシアを脅威の対象として考える必要があるんだね。
(「孫たちへの贈り物」に記載説明)

エ　北朝鮮のテロ・ミサイル攻撃

　北朝鮮の核、ミサイル開発について、防衛白書によれば、「北朝鮮は、2016年から2017年にかけて、3回の核実験と27回の弾道ミサイル発射実験を重ね、核、ミサイル技術を飛躍的に向上させ、特に、弾道ミサイルの弾頭に搭載可能な核の小型化について実現した可能性が考えられる。」としているね。

　そして、2018年6月に、朝鮮半島の緊張緩和を目的に米朝首脳会談が開催され、アメリカは朝鮮半島の非核化を目指して北朝鮮と交渉しているけど、この行方が心配だね。

何が心配なの？

　6月の米朝首脳会談は、北朝鮮のトップとアメリカ大統領の初めての公式直接会談という意義があるんだ。

　北朝鮮は、アメリカにとっては、経済力は言うまでもなく、軍事力でも、足元にも及ばない小国で、北朝鮮自身、そのことは十分認識しているはずなんだ。それが、この会談で超大国のアメリカを相手に互角に渡り合ったんだ。北朝鮮としては、この会談の実現は、核と弾道ミサイルを手にしていたからできたことと、当然、

考えると思うよ。
　だから、これまでのアメリカ政権は、大統領が北朝鮮のトップに会うなどということはしてこなかったと考えているよ。
　北朝鮮は、今回の米朝首脳会談を行ったという成功体験から、今後、核とミサイルを手放す可能性は一層遠のいたんじゃないかと思うよ。

航

でも、核とミサイルを手放さずに、今後も開発を続けるなんてことになったら、今のトランプ大統領は、本気で北朝鮮を攻撃することになるんじゃない？

爺

その心配もあるけど、アメリカのこれからの交渉で、アメリカに届くと言われるＩＣＢＭだけを放棄させて、日本を射程に収める中距離弾道ミサイルの保有を認めたり、黙認することになった場合は、日本にとって深刻な脅威になるんだよ。

航

アメリカとは日米同盟を結んでいるんだよ。中距離弾道ミサイルの保有だけ認めるなんてことはしないでしょ？

爺

そう願いたいね。

(3) 我が国の防衛政策

ア 全般

爺

この表を覚えているかい？ 前に、防衛政策として、自国を『どのように守る』か、という自分なりの考え（意見）を持つためのアプローチを説明した時に、整理した図だよ。
（「孫たちへの贈り物」に記載説明）

『どのように守る』という考え方を整理した図

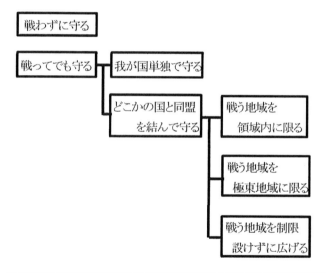

爺

前に話した時と、考え方に整合を持たせて分かり易くするために、この図に沿って話を進めるね。

覚えているよ。分かった。

尊

爺　まず、戦争と武力行使に関する考え方については、冒頭に述べたとおり、国際紛争を解決する手段としての戦争は、放棄しなければならないし、そのための武力も基本的に保有も行使もしてはならないと考えているよ。

ただし、外国から侵略や攻撃を受けた場合は、我が国の防衛に当たって、国権の発動で戦争を行うことも止む無しと考えているよ。そして、そのための武力は平素から保有し整備しておかなければならないと考えているんだ。

更に、付言すれば、お爺ちゃんが認める戦争は、外国から侵略を受けた場合の自衛戦争だけで、その際の防衛戦遂行の思想は、我が国が戦後一貫して採用してきた専守防衛だよ。

考え方を整理した図では、戦ってでも守るという考え方になるんでしょ。
尊

そうだよ。
爺

イ　日米同盟を基軸とする防衛政策

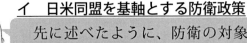
爺　先に述べたように、防衛の対象は、「領土及び国民」と「自由と民主主義と法の支配を基調とする国家体制」を考えているので、これらを、

中国、ロシア、北朝鮮の脅威から守る考え方について説明するね。

　中国とロシアの脅威の内容は、いずれも領土の侵略を予測したものだったね。領土を攻撃された場合の防衛力行使の方法は、敵軍隊の着上陸侵攻を阻止する防勢行動と、我が国土を占領する敵軍隊を撃退する攻勢行動になるんだよ。

　一般論として、着上陸侵攻してくる敵軍隊を阻止するというような防勢行動の場合は、着上陸侵攻してくる敵軍隊より少ない戦力で対応できることが多いんだけど、逆に、一度、着上陸侵攻を許し、我が国土を占領している敵軍隊を撃退するというような攻勢行動の場合は、撃退しようとする敵軍隊の数倍の戦力を必要とするんだよ。

　特に、我が国土の占領を許した敵軍隊を撃退しようとする場合、その占領地域、占領軍の大きさにもよるけど、相当の戦力を必要とすることが推測されるんだ。つまり、我が国だけで防衛態勢を整えようとすると相当の防衛費と人的負担を負わなければならないことになるんだ。

　更に、中国とロシアは、核大国でもあり、我が国単独での防衛は、非現実的だと考えるんだよ。

核を持つ場合の防衛負担って、相当大きい

の？　どの位掛かるの？

爺

　抑止効果の期待できる核戦力を持とうとしたら、核兵器の開発・装備化、運搬手段として、爆撃機、原子力潜水艦、弾道ミサイル等の開発・装備化、情報通信衛星等の開発・装備化等々相当の経費負担が予想されるよ。
　そしてね、防衛費負担だけでなく、各国、特に近隣諸国に無用な警戒心を与えて、国益には大きなマイナスになると思うよ。

　僕が想像した以上に大きな経費と負担が掛かりそうな気がする。分かった。
　（「孫たちへの贈り物」に記載説明）

尊

爺

　そうでしょ。そうすると、現実的な選択肢は、どこかの国と同盟を結ぶことなんだけど、同盟国の選択で大切なことは、同じ価値観を共有できることだと思うよ。
　お爺ちゃんは、「自由と民主主義と法の支配を基調とする国家体制」を守るべきもの（防衛の対象）と考えているので、この価値を共有できるのは、アメリカしかないと考えているよ。
　そしてね、同盟関係を持つということは、国（国民）の負担が軽くなるだけじゃなくて、抑止力も

104

高まるんだよ。

同盟関係を持った方がいいことばっかりみたいだね。

それは、どうかな。

何？

同盟関係を持つことによって生じる悪い点の1つ目は、外交や安全保障政策を行う上で、同盟国への配慮が必要になって、自国の国益を追求する自由な判断や行動が執りにくくなるんだよ。

2つ目は、同盟国が侵略や攻撃を受けた場合等、共に戦う必要性が生じて、望まないところで戦争に参加しなければならなくなることもあるんだよ。

1つ目の外交や安全保障政策を行う上で、同盟国への配慮が必要になって、自国の国益を追求する自由な判断や行動が執りにくくなるってどういうこと？

例えば、ロシアがクリミア半島を占領して、現在、ウクライナ東部地域に軍事介入している

問題に対して、アメリカやＮＡＴＯは、原状回復を要求して強硬姿勢で臨んでいて、同盟国にも同様の対応を求めているのだけれど、日本には、ロシアと北方領土問題を解決しなければならない事情があるために、アメリカに配慮しつつ対ロ政策をしなければならないということだよ。

尊

2つ目の同盟国が侵略や攻撃を受けた場合等、共に戦う必要性が生じて、望まないところで戦争に参加しなければならなくなるって、アメリカの戦争に巻き込まれるということ？

爺

同盟のジレンマとして言われる同盟国の戦争に巻き込まれるということではないよ。同盟を結んだ義務として、ともに助け合う趣旨で、同盟国の戦争に参加するということだよ。

尊

そうか。同盟の義務を果たす場合って、日本の国益に適わない場合や、日本の望まない状況で起こることもありそうだね。

爺

そういう可能性はあると思うよ。そして、もう一つ、尊ちゃんが指摘した同盟のジレンマの問題だけどね、同盟関係を結ぶと、「巻き込まれる恐怖」と「見捨てられる恐怖」という2つの

感情が常に付きまとって、どのような同盟関係にするかという確固たる意志を持って、同盟関係の構築に当たらないと、2つの感情に揺さぶられ、芯の定まらない同盟関係になってしまいがちなんだよ。

つまり、「巻き込まれる恐怖」というのは、同盟国が戦争を始めた場合、同盟国の戦争に巻き込まれるという恐怖で、「見捨てられる恐怖」というのは、自国が戦争になった場合、同盟国が助けてくれないのではないかという恐怖のことをいって、「巻き込まれる恐怖」を減らそうとすると、「見捨てられる恐怖」が増大し、「見捨てられる恐怖」を減らそうとすると、「巻き込まれる恐怖」が増大するというジレンマを表しているんだよ。

お爺ちゃんは、中国、ロシア、北朝鮮の脅威に対する防衛政策として、同盟は如何にあるべきかという視点から、『巻き込まれても見捨てられない』ことを望むのか、『見捨てられても巻き込まれない』ことを望むのか、態度を明確にしなければならないと考えているよ。

おじいちゃんはどっちなの？

尊

『巻き込まれても見捨てられない』ように、強力な同盟関係を築くべきだと考えているよ。

爺

第3章　私が考える我が国の安全保障政策　107
2．私が考える我が国の防衛政策

尊

どうして？

爺

同盟関係を結ぶということは、万一の時に、自国だけではどうにもならないから、助け合える国と協力関係を約束するわけでしょ？　万一の時に、頼りにならなければ、同盟の必要がないばかりか、同盟を結んだことによる不利益だけを被る可能性があるんだよ。だから、お爺ちゃんは、同盟を結ぶ決心をしたら、巻き込まれることを恐れて、同盟相手の信頼を裏切るような行動を採るべきではないと考えているよ。

そうか、同盟関係を結ぶということは、覚悟がいるんだね。

尊

爺

ウ　自衛隊（軍隊）の軍事力を使用する地域の制限

次に、自衛隊（軍隊）を使用する地域、あるいは自衛隊（軍隊）を使用して戦う地域をどのように定めるかという問題だけど、お爺ちゃんは、「我が国の領土の喪失や国家の消滅に直接係わる脅威が存在する極東地域」とすることが妥当だと考えているよ。

なんで？

尊

爺

可能な限り、専守防衛に徹するべきだと考えるからだよ。お爺ちゃんの理想は、領域内に限定して、自衛戦争のみを肯定し、国際紛争を解決する手段としての戦争を放棄（否定）し、国際社会に対して専守防衛を宣言し、平和国家を強くアピールしたいところなんだ。

なんで理想を追求しないの？
尊

爺

我が国の防衛は、日米同盟に頼らないと成り立たないと思うからだよ。
中国やロシアとの日本有事を想定した場合、領域の内外で米軍との共同作戦が必要になるため、どうしても、戦う地域を極東地域にまで広げなければ適切な防衛行動はできないと考えるからだよ。

ねえ、お爺ちゃん、極東地域に広げると、どうしても気になることがあるんだけど。
尊

爺
何？

台湾だよ。米・中貿易戦争が進んでいく中、特に、2018年は、アメリカで台湾旅行法が成立したり、米台間で国防産業フォーラム

第3章 私が考える我が国の安全保障政策 109
2. 私が考える我が国の防衛政策

が開かれたり、米・台関係の接近が目立つけど、もし、中台関係が悪化して、中国が台湾に武力侵攻するようなことがあったら、アメリカはどうするんだろう？

爺

どうするんだろうね。

アメリカは、中国の武力侵攻を止めさせるというか、台湾を守るために、中国と戦争するようなことがあるんだろうか？

尊

爺

それも何とも言えないね。その可能性は全くないと言えないかもしれないね。

その時、日本は、アメリカの同盟国として一緒に戦うことになるの？

尊

爺

正に、同盟のジレンマの問題だね。
　そうならないことを祈るけど、おじいちゃんの考えは、さっき言ったとおり、一緒に戦わないまでも、同盟国としての責任は果たさなければならないと思うよ。

エ　同盟国としてのアメリカの適切性
　同盟について、もう一つ質問が有るんだけど。

尊

爺
何？

尊
トランプ大統領になってからのアメリカなんだけど、同盟国としてどうなの？　相応しいのかな？

爺
どうして、そう思うの？

尊
　法の支配を軽視する露骨な国益優先の通商政策、また大統領の報道の自由を無視するメディア攻撃や、意に沿わない側近閣僚等の更迭等の独裁者的な行動は、かつての「自由と民主主義」の理念を世界に広げる資本主義陣営のリーダーとしての面影が感じられないよ。
「自由と民主主義と法の支配」の価値観を共有する国ではなくなってきているみたい。

爺
　確かに、トランプ大統領になってからのアメリカは少し変だね。
　ただ、同盟国に適するか適さないかという判断をするには早すぎると思うよ。今までと、多少変わったからといって、「自由と民主主義と法の支配」の価値観を共有できる超大国はアメリカしかないと思う。
　お爺ちゃんは、トランプ大統領という個人よ

りも、トランプ氏を大統領に選んだアメリカという"国"をしばらく注意して見る必要があると思っているよ。

どういうこと？

爺

尊

トランプ大統領就任以降、トランプ氏の行動（ポピュリズム政策）を冷静に観察すると、一般民衆が喜ぶところを巧みに突いて、人気を得ている様子が見て取れるんだよ。

その一般民衆というのは、白人を主体とする中低所得者層で、その人気の取り方は、例えば、職を無くした人向けに、メキシコからの移民阻止を目的とする国境の壁の建設、あるいはメキシコ等自動車輸出国に対する数量規制措置によって、民衆のために仕事（職）の確保を強力に押し進めているという姿を効果的に演出しているんだよ。そのルールを無視し、高圧的な態度で関係国に承諾を強要するというトランプ氏の演出の仕方が、白人を主体とする低所得者層の不満を発散させ、トランプ氏の人気に繋がっているように考えられるんだよ。

つまり、トランプ氏のポピュリズム政策を支えているのは、白人を主体とする中低所得者層の不満であり、本質的な問題の1つとして、所

得格差（国の富の再配分）が考えられるんだ。現在のアメリカの所得格差については、いろいろなデータが示されているけど、総じて、中所得層は大幅に減り、低所得や貧困層が着実に増えている様子だよ。

　本質的な問題の2つ目として感じる点は、一言でいえば、発展目覚ましい中国に対する自信の喪失かな。

どういうこと？

　クローサーの国際収支の発展段階説というのがあって、これは、国の経済発展に伴う国際収支パターンを資産と資金の流出入の状況から6つの段階を経て発展するものと仮定する考え方で、その段階は、「未成熟な債務国」、「成熟した債務国」、「債務返済国」、「未成熟な債権国」、「成熟した債権国」、「債権取り崩し国」の6つとして、「債権取り崩し国」は、貯蓄を取り崩して生活を行っているような成熟した国の段階と定義されているんだ。

　そして、アメリカは、この「債権取り崩し国」に当たるとされる中、近年、減税政策から米国債は増加して、利払いに追われる状況なんだよ。

　このアメリカの状況に対して、中国は、一帯

一路構想の推進、アジアインフラ投資銀行の設立と、「債務返済国」から「未成熟な債権国」へと躍進を続けているため、アメリカは、中国に対して脅威を感じ始めたんじゃないかと思うよ。
　こんな状況に対する焦りから有効な打開策を見出すことができずに自信喪失になっているんじゃないかと想像しているんだよ。

　こういう状況を立て直せない時は、同盟を解消した方がいいの？

尊

爺
　仮に、お爺ちゃんが指摘した点が、今のアメリカの真の問題点だとしたら、どちらも、内政問題なので、アメリカは、いずれ克服すると思うよ。

　同盟の解消については、考えなくてもいいということ？　どうなったら、解消を考えるの？

尊

爺
　「自由と民主主義と法の支配」に価値を置かなくなった時かな。

　同じ価値観として共有できる限り、同盟を解消することはないということ？

尊

爺
　そうだね。

3　私が考える我が国の外交政策について

(1) 全　般

爺

　ここで論じる"外交政策"について、議論を混乱させないように、まず、定義付けをしておくね。第1章「私の安全保障政策の考え方」で述べたとおり、国際政治の場から脅威を無くす政策を対象にして話を進めるね。

分かった。

爽

爺

　国際政治の場から脅威を無くす方策は、これまで説明してきた安全保障環境の分析結果を踏まえ、戦争の原因に繋がると考えられる事項の無効化、あるいは除去によって達成するという考え方に立って、次の区分に従って話を進めることにするね。
① 　国際的な国益優先姿勢の緩和政策
② 　異なる価値観の相互容認への努力
③ 　難民対策

（2）国際的な国益優先姿勢の緩和政策

爺

　第1次及び第2次両世界大戦を起こした最大の原因は、各国の自国の国益を露骨に優先する行動だったと考えているよ。そして、その自国の国益追求を最優先する行動は、第1次世界大戦では、各国の原材料供給地と市場の獲得を目的とする植民地政策の遂行が、各地域で対立を生み、第2次世界大戦では、持てる国のブロック政策や保護主義政策が持たざる国の侵略行動を誘発して対立から戦争に発展したと考えられるんだよ。

　自国の国益追求を最優先する行動は、放って置くと、その国の国民を巻き込んだナショナリズムへと拡大し、国際社会で摩擦や対立を生んで、各国間の衝突や戦争に発展していく可能性を十分に秘めていて、それは、2度の大戦を通じて学習してきたことであり、繰り返さない対策を打たなければならないんだよ。

　まず、その1つは、各国が協力して自由貿易体制を守る努力を継続することだと思うよ。例えば、2018年3月に、「環太平洋パートナーシップに関する包括的及び先進的な協定（TPP11）」が結ばれたけど、今後も、この協定の不十分な点について、立場の異なる国々が、自国の国益のみを追求することなく、話し合いを重ね、内容

の公正・公平・充実に努力を継続していくことが重要だと考えるんだよ。
　また、交渉途中で離脱したアメリカ、あるいはEUから離脱したイギリスの本協定への加盟を促す努力も忘れてはならないと考えているよ。
　我が国は、こうした点を踏まえて、加盟各国に協力を呼びかけるとともに、主導的に各国に働きかけることが必要だと思うんだよ。

爽

　自由貿易体制を推進するといっても、簡単じゃないよね。お爺ちゃんが、例えに挙げたTPP11協定では、先進国と開発途上国、工業国と農業国等が混在していて、各国が国益を主張し出したら、歩み寄るのは大変だよね。
　更に、自由主義経済体制の国と国家資本主義体制の国の協調まで考え出したら気が遠くなりそうだね。

爺

　あのね。だから、話し合いの場を持って、継続して交渉を続けることが大切なんだよ。お互いが協力して、折り合いをつけられる点を見出す努力が大切なんだ。この努力を続けている限り、一気に戦争に突入してしまうなんてことはないんだよ。

そうだよね。

　２つ目は、国連を始めとする国際機関の機能強化への取り組みが大切だと考えているよ。
　具体的には、話が大きくなり過ぎてしまうんだけど、国際的な政治、あるいは経済的な対立の調停を可能にし、難民等の問題解決への調整や取り組みを可能にする国際機関の体制づくりなんだよ。
　今は、残念ながら、アメリカも、中国も、ロシアも、イギリスも、国連の常任理事国が、そろって、国益中心の状態なので最悪と言わざるを得ないね。
　この課題へのアプローチは、まず、同じ価値観を共有するG7（西側諸国）の結束から始めるべきではないかと考えているよ。

　国連は言うまでもなく、G7（西側諸国）だって、同じ価値を共有していると言っても、債権国と債務国の立場の違い、あるいは、EU内の立場、国内問題等、結束も簡単ではなさそうだよ。

分かっているよ。でも、話し合いで、相互の

理解が最も得易いのは、同じ価値を共有している点でG7（西側諸国）じゃないかと思うんだよ。
　3つ目は、"ヨーロッパから戦争を無くしたい"という設立動機を後世に継承するために、EUの結束を考えているんだけど、これは、G7（西側諸国）の結束に努力を注ぎながら、EUに広げていく方法が効率が良さそうだと思っているよ。

　忍耐強く取り組んでいかなければいけないということだね。

爽

（3）異なる価値観の相互容認への努力

爺

西側諸国は、「自由と民主主義と法の支配」の価値を大切にしていると言ったでしょ。

異なる価値観の相互容認の努力というのは、例えば、西側諸国は、自分の価値観と異なる価値観を排除してはいけないということなんだよ。別の言い方をすれば、自分の価値観を強要してはいけないということなんだ。

爽

例えば、独裁国家でもその体制を認めるということ？

爺

認めるということでなく、受け入れるということだよ。

爽

よく分からないよ。

爺

例えば、独裁国家は民主的ではなく、人権についても問題があるので、力ずくで国の体制を壊して民主国家に変えるということが正しいか？ということなんだよ。国のあり方を決めるのは、その国の国民なんだよ。そして、国の在り方を変えるのも、その国の国民なんだ。

爽

なんとなく分かったような気がするけど、

それじゃ、そういう国で、人権問題で苦しんでいる国民がいても助けることはできないということ？

爺

　放っておくということではなく、その国の事情をよく確かめて、国際連合等国際機関を通じて働きかけることになると思うけど、こういう場合のためにも、前項で言った国際機関の機能強化が必要になると考えているよ。いずれにしても、根気よく努力していかなければならないと思うね。

　そうか。それじゃ、例えば、自由貿易体制を推進する場合、中国のような、国家資本主義経済体制の国に、自由主義経済体制に変更してもらわなくてもいいの？
　国家資本主義経済体制の国は、国が企業を補助するので、企業の公正な競争にならないから、自由主義経済体制の国の企業は不利じゃない。

爽

爺
　そうだね。国家資本主義経済体制を否定して、自由主義経済体制に変更させるのではなく、爽ちゃんが指摘した不公正の問題について話し合って、双方納得できる妥協点を見出す努力をするということなんだよ。分かるかい？
　何故こんなことを言うかというと、異なる価

値観を否定して、排除にかかると争いは避けられないでしょ。

異なる価値を容認するっていうことの大切さは分かったよ。でも、日本みたいな非常任理事国で、決定的な力のない国では、ただ、努力してますっていうだけで終わっちゃうんじゃない？
爽

爺
決定打を持っていないということも、難しいということも、そのとおりだと思うよ。だけど、諦めたら、脅威や戦争は、いつまでたっても無くならないよ。史上唯一の被爆国の日本が諦めずに頑張っていたら、協力してくれる国が現れるかもしれないよ。人間の知恵や善意を信じて、強い信念をもって取り組むことが重要だと思うよ。

（４）難民対策

爺

　難民問題は、しばしば民族、宗教等の問題と絡んで、地域紛争に発展するケースが見られるんだよ。
　現在、ＥＵでは、中東やアフリカから流入する難民の対応に、各国の思惑が異なり、具体策を立てることができず、域内国の財政問題とも合わさって、ＥＵの結束力の綻びの一因になっているんだよ。

　ＥＵ各国の思惑が異なるって、どんなふうに違うの？

爽

爺

　ドイツとイタリアは、受け入れに伴う負担から極右勢力が反対して国内問題化しているんだよ。特に、ドイツのメルケル首相は、この難民受け入れ問題が一因となって、２０２１年に党首の座を退かなければならないという状況に追い込まれてしまったんだよ。メルケル首相は、ＥＵの結束にリーダーシップを発揮してきただけに、今後のＥＵの結束力が心配されるんだ。

　ＥＵの難民はどのくらいいるの？

爽

爺

　２０１５年がピークで、１３０万人と言われているよ。

第３章　私が考える我が国の安全保障政策　123
　3．私が考える我が国の外交政策について

爺　先進国の受け入れはあまり進まず、発展途上国が主に受け入れているようだね。例えば、トルコが２５０万人、パキスタンが１６０万人、レバノンが１１０万人だという記事を見たことがあるよ。

爽　そもそも、難民はどうして生まれるの？

爺　紛争、飢餓、人種差別、宗教弾圧、政治弾圧、極度の貧困から命を守るために、母国から逃れて難民になっているということだよ。
　トルコやパキスタン、レバノン等に受け入れられたと言っても、決して暖かく処遇されるということではなく、厳しい難民生活を送っているようだよ。

爽　命からがら逃げても、更に厳しい扱いを強いられたら、そのうち、母国の反政府勢力になって、紛争に関わったり、テロリストになってしまうんだろうね。

爺　そうだね。脅威や戦争を無くそうと思ったら、この問題の解決にも取り組んでいかなければならないんだよ。

爽　取り組むと言っても、どうやって取り組むの？　中東やアフリカで発生する難民の受け

入れを日本でも引き受けるの？

その必要性はあるかもしれないね。

必要性は、僕もわかるけど、国民が納得するとは思えないよ。受け入れて、どうするの？どのように処遇するの？

人道的な配慮、安全保障政策、とりわけ世界から脅威や戦争を無くす取り組みについて、国民に丁寧に説明して理解を得る努力から始めないとね。受け入れ方法については、将来の人口減少を見据え、老人世帯で過疎化に苦しんでいる地域で、介護や地域の所要労働力の補完的な役割を与えて共生するという方法はどうかなって思っているよ。そして、地域に溶け込めるように、言葉やルール等はあらかじめ国や地方自治体が指導に当たるんだよ。

田舎の年寄りが、過疎で困っているからといって、難民受け入れに賛成するとは思えないんだけど。

確かに、いろいろ難しい点があるのは承知だけど、平和への取り組みと一緒に行わないと、難民は増える一方で、それだけ、脅威や戦争の

種も増えていくんだよ。

　そして、お爺ちゃんのような稚拙なアイデアでなく、受け入れに関して知見を持っている人に、もっと良いアイデアを出してもらって、とにかく行動に移していくことが大切だと思うよ。

そうだね。何もしないで大変だとか、無理だとか言っても何も好転しないよね。

爽

爺

　我が国への受け入ればかりでなく、現在、発展途上国で難民を受け入れているトルコやパキスタン、レバノン等に対する資金等の援助も必要だと思っているよ。

　発展途上国に逃れた難民が、そこで、母国とは異なる厳しい環境に身を置かなければならなくなる原因は、発展途上国の過度の負担が考えられるんだよ。この発展途上国の負担は、我が国だけでなく、国際社会全体で負担する仕組みに持っていくように国際機関に働きかける努力も必要だと思うんだ。

　そして、さっき、資金等の援助の話をしたけど、この内容は、よくよく検討する必要があると思うんだ。単に、用意した資金で、食料品や医薬品を購入して、難民キャンプに補給するような支援は、問題の解決に役立たないと思っているよ。難民が、

受け入れ国（地域）で自立できるような支援を考え出さなければだめだと思うんだよ。
　例えば、日本の老人世帯で過疎化に苦しんでいる地域での受け入れが決まったら、そこで自立できるように、介護技術の習得、運転技術の習得、道路整備等簡単なインフラ技術の習得等、自身で生活していける力（能力）を身に付ける支援が重要だと考えるよ。

爽

　似たような話を聞いたことがあるよ。自衛隊がPKOでイラクに派遣された時、自衛隊キャンプの近くの住民に、道路整備の技術を教えて、近くの道路の整備をしてもらって、その道路整備業務に対して賃金を支払うということをしたら、地元の人達にとても感謝されたという話だったんだけど、この話で感じたことは、単に、金持ちが貧乏人にお金をめぐむという態度ではなく、仕事を頼むという姿勢をとおして自立の手助けをしてくれたというところに、感謝の気持ちが湧いたのかなって思ったんだ。

爺

　自立支援はとても大切なことだと思う。そして、爽ちゃんも度々言ってたとおり、大変さは半端ではないと思う。でも、それを承知で諦めずに頑張らなければ脅威や戦争は絶対になくならないと思うよ。

第3章　私が考える我が国の安全保障政策　127
3．私が考える我が国の外交政策について

第4章
確かなシビリアンコントロール機能の確保

1 シビリアンコントロールとは

爺

戦争と武力行使に関する考え方について話した時に、「外国の侵略に対して自衛のための軍事力を持つ場合は、軍隊を完全なシビリアンコントロールの下に置かなければならない。」と言ったことを覚えている？

覚えているよ。平和な時ばかりでなく、有事でも確実に機能する体制にしなければいけないということでしょ？

琉

爺

そうだよ。

あえて有事の場合のシビリアンコントロールに言及しなければならない理由はあるの？

琉

爺

あるよ。
お爺ちゃんが考えるシビリアンコントロールは、単に、軍隊（自衛隊）を統制する者が、軍人ではなく文民であれば良いというような形式的な体

制を言っているのではなく、軍隊（自衛隊）を政治の統制下に置く機能を言っているんだよ。

　お爺ちゃんが考えているシビリアンコンロールは、平和時においても、今以上に詰めが必要だと思っているし、有事に至っては、更に、踏み込んだ詰めを行わないと、確実に、機能させることはできないと考えているからだよ。

　そして、シビリアンコンロールを機能させる詰めに当たっては、国民を交えて具体化し、最終的に、制度化しなければならないと考えているよ。このことについては、三十有余年に渡り自衛隊に身を置いていたからこそ、提案しなければならない責任があると思っているんだよ。

　まだ、良く分からないけど、すごく大切そうな問題なんだね。

琉

爺
　そうだよ。
　シビリアンコントロールについて、琉ちゃんと共通のイメージを持てるように、話し合いながら考えて行くことにしようね。

　うん。

琉

爺
　シビリアンコントロールについて、デジタル

第4章　確かなシビリアンコントロール機能の確保　129
1．シビリアンコントロールとは

大辞泉では、職業軍人でない文民が、軍隊に対して最高の指揮権を持つこと。軍部の政治への介入を抑制し、民主政治を守るための原則。と解説し、ブリタニカ国際大百科事典では、国民に責任を負うとされる文民の意思に、軍隊の存在や活動を従わせる考え方、あるいはそのための制度と説明しているんだよ。

　つまり、軍隊を主権者である国民（政治）の統制下に置いて、主権者である国民（政治）の意思の下に軍隊を使用（動かす）するということなんだよ。

琉

　そうだね。確かに、単に、軍隊（自衛隊）を統制する者が、軍人ではなく文民であれば良いというような形式的な体制では、確実にできるかどうか分からないね。

2 シビリアンコントロールの必要性

爺

ところで、琉ちゃんは、何故シビリアンコントロールが必要だと思う。

琉

軍隊（自衛隊）が政治の下にあって、政治の指示に従うようにしておかないと、軍隊（自衛隊）が政治に口を出したり、政治に介入するようになってしまうからでしょ？

爺

そうだね。それじゃ、どうして、軍隊（自衛隊）を政治の下に位置付けて、政治の指示に従うようにしておかないと、軍隊（自衛隊）が政治に口を出したり、政治に介入するようなことが起こると思う？

琉

それは、政治と軍隊（自衛隊）が対等な立場だったら、軍隊（自衛隊）は自前の武力を背景にして政治に介入するようになるんじゃない？

爺

そうだね。軍隊（自衛隊）の本質は、武装組織なんだよ。そして、この武装組織が自立して暴走を始めたり、政治の下で不適切な運用がなされたら、国民は誰も止められなくなってしまうんだよ。

> この点は、簡単に想像がつくでしょ？

琉
> うん。そうだね。そんなことになったら民主政治の崩壊だよね。

爺
> そしてね、お爺ちゃんは、軍隊（自衛隊）の暴走は、軍隊（自衛隊）の本質的な特性が要因となって起こる可能性が高いと考えているんだよ。
> その特色の1つ目は、「軍隊（自衛隊）は、指揮官の指揮によって動く。」ということ、そして、その2つ目は、「軍隊（自衛隊）は、組織で動く。」ということなんだよ。

琉
> え？　どういうこと？

爺
> 今、お爺ちゃんが言ったことが分かるように、できるだけ具体的に説明していくね。
> まず、特色の1つ目の「軍隊（自衛隊）は、指揮官の指揮によって動く。」ということから説明するね。

琉
> 前に、シビリアンコントロールについて、総理大臣と、自衛隊の指揮官が部隊を動かす意味の違いを教えてくれたよね。その辺からもう一度説明してよ。

爺

分かった。それじゃ、始めるね。
　総理大臣が軍隊（自衛隊）を動かすという意味は、例えば、イラクで平和維持活動をさせるために、自衛隊に派遣を命令したり、派遣活動を終了して撤収、帰国を命令したりする場合や、外国の軍隊が日本に攻めてきた時に、侵略されないように防衛出動しなさいと命令したり、防衛出動している自衛隊にもう止めなさいと命令することなんだよ。
　もっと言えば、国を守るために自衛隊を動かして戦争を始めたり、止めたりすることを意味しているんだよ。
　また、軍人（自衛官）が軍隊（自衛隊）を動かすという意味は、侵略しようと攻めてくる敵から領土や国民を守るために陣地を占領して戦ったり、侵略してきた敵を攻撃して追っ払ったりするために、自衛隊の部隊を動かすことをいうんだよ。
　我が国への侵略に対して、自衛隊を動かす場合の１例を示すと、我が国への侵略の兆候を把握した段階から、防衛大臣は、自衛隊に対して、防衛出動待機命令、防御施設構築措置等を命令して、防御陣地等を作らせて侵略に対して準備をするんだよ。
　そして、更に、我が国に対する武力攻撃が始

まったり、武力攻撃が始まる明白な危険の切迫を確認したら、内閣総理大臣は、自衛隊に対して、防衛出動を命令して、防衛のための戦闘行動等を開始させるんだ。

防衛出動を命じられた自衛隊、特に、陸上自衛隊では、陸上自衛隊の最高指揮官の陸上総隊司令官から各方面隊に、方面隊から各師団、旅団にそれぞれ命令が下され、それぞれの部隊は、受領した命令に基づいて戦闘行動等を行うんだよ。

この際、部隊は、その部隊の指揮官が指揮を執ることによって動くんだよ。

指揮官じゃない人は、部隊を動かせないの？
琉

爺
そうだよ。防衛省訓令でちゃんと定められているんだよ。

部隊を指揮できるのは指揮官だけなの？
もし、指揮官が負傷して動けなくなったり、戦死してしまったら、部隊を指揮する人がいなくなっちゃうじゃない。
そういう場合は、どうなるの？
琉

爺
その場合は、副指揮官が指定されている時は副指揮官が、指定されてないときは指揮官の次

の順位の自衛官（指揮官の次に階級が上の人）が、指揮を引き継ぐことが訓令で定められているんだよ。
　そうしないと、指揮官に事故があった場合、部隊の指揮が継続されなくなって、部隊は戦闘を継続することができなくなってしまうからね。

そうか。

琉

爺
　話を続けるよ。防衛出動を命ぜられた自衛隊の部隊は、内閣総理大臣が防衛出動を止めなさいという命令を出すまで、防衛のための戦闘を継続することになるんだよ。
　外国の侵略が直接関東に及ぶ場合、あるいは関東以外の地域の侵略に呼応した関東地域への爆撃や特殊部隊による攻撃で、政府が機能しなくなった場合、どうなると思う？

　ええ？　政府が機能していないって、内閣総理大臣だけでなく、防衛大臣も指揮できないってこと？

琉

爺
そうだね。自衛隊しか機能していない場合だよ。

自衛隊しか機能していないなら、その時の

琉

自衛隊の最高指揮官が指揮するより仕方がないんじゃないの？

爺

そうか。それでは、例えば、自衛隊しか機能していない場合で、侵略してきたＡ国が、九州から広島・島根県一帯を占領して、九州を割譲することを条件に、停戦（和平）を申し入れてきたら、どうなるんだろう？

自衛隊しか機能していないから、その時の自衛隊の最高指揮官がＡ国の申し入れを受け入れて、自衛隊の全部隊に「防衛出動を止めなさい。」と命令することになるのだろうか？

ええ？　そんな重大な決定は、政府の役目だと思うけど、機能していなければどうしようもないし、政府が機能していないからといって、自衛隊（軍隊）がそんなことを決定していいとは思わないし、分からないよ。

琉

爺
そうだね。難しいね。だけど、Ａ国の申し入れに対しては、誰かが回答しないとならないよね。どうしたらいいんだろうか？

こういう場合、つまり、政府が機能しない状態を理由に、自衛隊（軍隊）が政府の役目を

琉

代行することを認めるのであれば、憲法や法律で、『自衛隊による政府の役目の代行』について、具体的に条件や手続きを文書にして、事前に決めておかなければいけないんじゃないかと思う。

爺

どうして、そう思うの？

琉

　だって、政府が機能していなければ、政府の代わりをしても仕方がないという暗黙の了解みたいなもので認めたら、シビリアンコントロールが機能していると言えないと思う。政府が機能しているか、いないか、ということ自体も明確な定義がなければ、その時の認識の仕方で、どちらにでも解釈できてしまうと思う。

　例えば、総理大臣と政府の役人が戦場から退避して、自衛隊（軍隊）と連絡が取れない場合は、政府が機能していないと判断するのか、どうか。認識の仕方次第ということになってしまうじゃない。

　こういう認識の仕方次第とか、解釈次第というのは、「憲法解釈で個別的自衛権は認められる。」としてきたこれまでの慣例と同じで、お爺ちゃんが、これからは改めなければいけないと言っていたじゃない。

第4章　確かなシビリアンコントロール機能の確保　137
2．シビリアンコントロールの必要性

爺

そのとおりなんだよ。

琉ちゃんが言うとおり、政府が機能しない状態を理由に、自衛隊（軍隊）が政府の役目を代行することを、認めるのであれば、憲法や法律で、具体的に条件や手続きを文書にして、事前に決めておかなければならないんだよ。

ここら辺のことをしっかり検討して定めておかないと、軍隊（自衛隊）の自立、暴走に繋がってしまう恐れがあるんだよ。

そうだね。よく分かったよ。

琉

爺

特色の２つ目の「軍隊（自衛隊）は、組織で動く。」ということについて説明するね。

指揮について、陸上自衛隊を例に挙げて、最高指揮官の陸上総隊司令官から各方面隊に、方面隊から各師団、旅団にそれぞれ命令が下され、それぞれの部隊は、受領した命令に基づいて戦闘行動等を行うと説明したね。

それぞれの部隊の指揮官は、幕僚の組織的な補佐を受けて、方面隊は、隷下の師団や旅団の部隊を動かし、師団及び旅団は、隷下の連隊や大隊を動かし、連隊や大隊は、指揮下の中隊を動かし、中隊は、指揮下の小隊を動かし、小隊は、

指揮下の班を動かして、それぞれの部隊の任務を果たすんだよ。

部隊が動くということは、今、言ったように、指揮系統に従って、組織(部隊)が動くことなんだよ。

平素の訓練では、指揮官が「止まれ」と命じたら止まり、「進め」と命じたら進むように、指揮官の意思どおりに動くことを目標に練成しているんだ。そして、それは部隊の精強化にとって、とても大切なことなんだよ。

ここから先は、あくまで、お爺ちゃんの個人的な見解として聞いて欲しいんだ。

例えば、外国が侵略して来て、防衛出動が下令され、国土防衛の戦争が始まるということは、自衛隊という組織が、国土を守るために、戦うという方向に動き出すということなんだよ。

そして、それぞれの部隊は、それぞれの指揮官の指揮で行動しているんだけど、組織全体が、「国土を守る」という意思を持ったかのような流れ（動き）が起こり、この流れは、途中で誰かが止めるということなどできない津波のようになると思えてならないんだよ。

組織には、そういう特性があるように思うんだよ。

どういうこと？

琉

例えば、侵略国が、沖縄から侵略を開始して、九州を占領した段階で、国土防衛戦を実施している我が国に対して、停戦や和平の申し入れをしても、自衛隊（組織）は、組織全体が、「国土を守る（取られたところは取り返す）」という意思を持ったかのような流れ（動き）が起こっていて、この流れ（動き）を止めことは、考えているより簡単ではないということなんだよ。

自衛隊の最高指揮官でも？

そうだね。そして、さっき話した例えのように、政府が機能していないような状態なら、尚更だよね。ほんとうはそれではいけないと思うのだけど。
　琉ちゃんは、「日本の一番長い日」という映画を観たことある？

ないけど、どういう映画なの？

第２次世界大戦で、日本が「ポツダム宣言」の受諾を決断して、無条件降伏を告げる昭和天皇の「玉音放送」がラジオで全国放送されるまでの政府内、軍部内の様子を描いた作品でね、特に、軍部内は、降伏に反対し徹底抗戦を主張する中堅将校が多く、クーデターを計画する者まで現

れ、簡単に戦争を終わらせることができない様子が描かれているんだよ。

軍部は、結局、降伏を受け入れるんでしょ？

　天皇陛下の玉音放送が流れて、軍部は徹底抗戦を諦めたんだ。
　お爺ちゃんは、この映画を観て、これは組織の一つの特性だという強い印象を受けたんだよ。お爺ちゃんの自衛隊人生の中で、組織の流れのようなものを感じた体験があったからなんだよ。
　徹底抗戦を主張する者やクーデターを企てる者が戦争継続の流れを維持しているのではなく、軍全体の「国土を守る」という意思を持ったかのような流れ（動き）が、徹底抗戦を主張する者やクーデターを企てる者を生み出しているという感じなんだよ。
　そして、この映画では、天皇陛下の玉音放送が流れて、軍部の降伏反対派が徹底抗戦を諦めて終戦になるという構成になっているのだけど、玉音放送が流れる前に焦点が当てられて、軍部の降伏反対派が放送を阻止しようとする様子が細かく描かれているんだよ。
　ここで、考えなければいけないと感じた点は、玉音放送の内容が、天皇陛下の戦争終結宣言であるということを知った上で、軍の降伏反対派が放

送を阻止する行為に及んだということなんだ。

　これは、天皇陛下の意思に背くこともためらわなかったということを表しているんだよ。

　旧軍が天皇陛下の意思（戦争終結）を承知し、その意思に逆らって動いた事実に注目しなければならないと考えるんだよ。当時の天皇陛下の意思をもってしても軍の動きを止めることが難しかったということは、現在の内閣総理大臣や自衛隊の最高指揮官では、更に難しいと考えるべきだと思うんだよ。

　この映画は、事実に基づいて作られたとされていて、歴史的な教訓としても受け止めなければならない点だと思うよ。

　シビリアンコントロールって大変なんだね。ほんとにできるのかな？

琉

爺

　しなきゃいけないんだよ。自衛隊(軍隊)は、国家・国民を守るためになくてならない大切なツールで、国家・国民の宝だと考えているよ。ただし、シビリアンコントロールが機能しない自衛隊(軍隊)は、国家・国民を不幸に陥れる悪魔のような存在になってしまう可能性を十分に秘めているとも思うよ。

　国家・国民を守るための大切なツールとするために、シビリアンコントロールを機能させなければならないんだよ。

3 シビリアンコントロールの機能を確保するための方策

(1) 全 般

爺

　シビリアンコントロールの機能を確保するために重要なことは、国民の安全を守るために自衛隊（軍隊）があるということを、まず、国民自身が承知して、その自衛隊（軍隊）は、国家・国民のツールであるという意識を持って、国民自身がシビリアンコントロール機能の確保に積極的に関わっていくことなんだよ。そして、国民を挙げて、シビリアンコントロールの機能を確保するための方策を案出して実行に移していかなればならないと考えているよ。
　ここでは、現在、お爺ちゃんが考えている方策について紹介することにするね。

（2）シビリアンコントロール監視委員会（仮称）の設置

爺：前に、シビリアンコントロールについて、下の絵を使って、"自衛官（軍人）ではない国の主権者である国民の代表が軍隊を統制・管理する。"ことだと説明したよね。
（「孫たちへの贈り物」に記載説明）

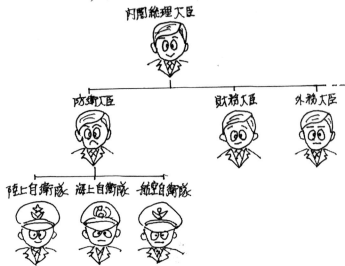

爺：その時にも少し触れたんだけど、この絵のように、軍隊を統制・管理する人が、単に、"自衛官（軍人）ではない国の主権者である国民の代表だということだけでは不十分だと考えているん

だよ。次の絵のように、シビリアンコントロール監視委員会（仮称）を設置するというのが、1つ目に提案する方策なんだよ。

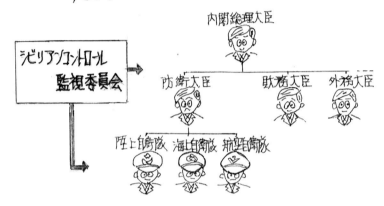

爺

　この監視委員会は、監視の対象を、自衛官（軍人）及び自衛隊のみでなく、国民の代表（内閣総理大臣、防衛大臣、政府等）も含め、自衛隊（軍隊）が国家・国民のツールとして「適切な状態にあるか」、あるいは「適切な方向に向かっているか」という視点から監視を行い、適切性を欠く事象が生起した場合、または国民の承諾が必要な事象が起きた場合に、その事象をマスコミ等を通じて国民に公開するとともに、国会での解決を政府に

要求する役割を担わせるという考え方なんだ。

琉

政府が国会で解決できないときは、選挙とか国民投票で解決を図るということ？

爺

そうだね。

琉

自衛隊（軍隊）が国家・国民のツールとして「適切な状態にあるか」、あるいは「適切な方向に向かっているか」という視点から監視を行って、適切性を欠く事象が生起した場合、または国民の承諾が必要な事象が起きた場合って、言ったけど、具体的にどういう場合なの？

爺

過去の例を挙げれば、前に、琉ちゃん達に話した「湾岸戦争後の自衛隊の海外派遣」や「日米防衛協力のガイドラインの見直しと周辺事態法の立法措置」、そして「有事法制基本法の立法措置」が、国民の承諾が必要な事象に該当すると考えているよ。
（「孫たちへの贈り物」に記載説明）

最近では、「敵基地攻撃能力の保有」に関する事項かな。

琉　何それ？

琉

爺　我が国に対する脅威の説明で、北朝鮮の弾道ミサイルの話をしたでしょ。特に、北朝鮮が保有している弾道ミサイルは、日本のどの地域に対しても、通常弾頭（通常火薬）の他、生物・化学兵器搭載弾頭の攻撃が可能で、最近では核兵器搭載弾頭保有の可能性が指摘されるまでになっているよね。

　このような状況に鑑みて、北朝鮮から弾道ミサイル攻撃を受けた場合に、速やかに北朝鮮のミサイル基地を攻撃して、被害の拡大を防ぐという趣旨で、この「敵基地攻撃能力の保有」が、度々、新聞やテレビで報道されるようになったんだよ。

　そして、最近、2018年末までに決定するとしている次期防衛計画の大綱に、この「敵基地攻撃能力の保有」についての明記を見送る旨の報道がなされていたんだけど、この問題こそ、国民の承諾が必要な事柄と考えているよ。

琉　どうして？

爺　「敵基地攻撃能力の保有」について、「北朝鮮から弾道ミサイル攻撃を受けた場合に」、速やかに北朝鮮のミサイル基地を攻撃するという説明を繰り返しているけど、使い方次第では、北朝鮮から弾道ミサイル攻撃を受ける前に、北朝鮮のミサイル基地を攻撃することができるということなんだよ。

第4章　確かなシビリアンコントロール機能の確保　147
3．シビリアンコントロールの機能を確保するための方策

爺　北朝鮮が、ミサイル攻撃をしそうな兆候を発見したら、北朝鮮が攻撃する前に、こちらから先に攻撃をすることができるということなんだ。

　これは、被害を避けるために、攻撃される前に相手（北朝鮮）を攻撃するという選択肢が、当然現れると考えるべきなんだよ。

　そして、この選択肢は、もはや専守防衛とは言えないんだ。この「敵基地攻撃能力の保有」の問題は、単に、敵基地を攻撃する装備を保有するか否かの問題ではなく、専守防衛を止めるか否かの問題、即ち、防衛政策の基本方針に関わる問題で、国民の承諾無しに進めてはならない問題だとお爺ちゃんは考えているんだよ。

　そして、こういう時に、お爺ちゃんが考えるシビリアンコントロール監視委員会（仮称）は、政府内で「敵基地攻撃能力の保有」に関する議論、とりわけ、次期防衛計画の大綱に明記するか否か等の議論があった場合、速やかに、国民に公表し、要すれば説明を行って、明記する場合は国民の承諾を得る措置を政府に要請するというものなんだよ。

琉　ふうん。

爺　お爺ちゃんが気になっていることで、国民の承諾が必要な事柄がもう一つあるんだよ。それ

はね、「非常事態対処基本法」とも「緊急事態基本法」とも呼ばれるもので、東日本大震災のような災害の発生に伴って、速やかに必要な措置を執るために、一時的に、政府に大きな権限を与えることを可能にするという法律なんだけどね、新聞で、立法化を検討する旨の記事を度々見かけるんだよ。

　そして、最近では更に、ネットに、「緊急事態基本法」の根拠となる『緊急事態条項』というものを憲法改正草案に盛り込むことを自民党憲法推進本部会が検討している旨のニュースが公開されているんだ。

　公開されているニュースでは、ほとんどが、東日本大震災のような災害時を対象とする記述になっているけど、これは、災害だけでなく戦争もその対象だと考えなければならないんだ。

　この問題は、前にも説明した「国家緊急権」の問題なんだ。「フリー百科事典（ウィキペディア）」では、「国家緊急権」について、『戦争のような非常事態に、政府（国家）が、憲法秩序を一時停止して、一部の機関に大幅な権限を与えたり、人権保護規定を停止する等の非常措置を採って対応する権限を意味して、非常事態を乗り切る方法として、歴史的に用いられている。』と紹介されていてね、現在でも多くの国で、形態は様々

だけど使われているんだよ。
(「孫たちへの贈り物」に記載説明)
　ここで、お爺ちゃんが問題にしているのは、「非常事態対処基本法」、あるいは「緊急事態基本法」の対象が、災害時だけのように装って法制化を進める政治姿勢なんだよ。
　戦争も大規模災害も国家の非常事態で国民を挙げて対応を考えなければならない問題なんだ。
　そして、こういう場合も、お爺ちゃんが考えるシビリアンコントロール監視委員会（仮称）は、「緊急事態基本法」の立法化や、その法律の根拠とする『緊急事態条項』の憲法改正草案への盛り込みの検討を行っていることを国民に公表し、要すれば細部説明を行うように政府に要請をしなければならないとするものなんだよ。

琉

　お爺ちゃんの考えは分るけど、そんなことを一々してたら、その度に、国民の反対に遭って何もできないんじゃないの？

爺

　反対する人も、賛成する人も、当然いるよ。琉ちゃんが言うように反対に遭うから、コソコソやるというのは間違っているし、国民を欺く姿勢と言われても仕方ないよ。
　国家の非常事態に、どう対応するかというこ

> とは、国民にとって、とても重要なことなので、正々堂々と議論すべきなんだよ。国民自身も参加してね。
> 　日本は民主主義の国なんだから。

琉

> 　分かってきたよ。それじゃ、2017年に、南スーダン国連平和維持活動（PKO）の日報に係る情報公開請求に対して、自衛隊が日報は廃棄したと偽って、隠蔽しようとした問題があったでしょ。
> 　あの時、政府は、「シビリアンコントロールの在り方が問われかねないとの認識を示した後、どこにこの問題の根源が有るのか明らかにし上で、厳正な対処を行い、情報公開、文書管理への取り組みの徹底を図る。」という答弁をしていたんだけど、あのような問題を起こさないように、シビリアンコントロール監視委員会（仮称）が自衛隊をしっかり監視するということでしょ？

爺

> そうだけど、あの日報問題のお爺ちゃんの見解は、当時の一般的な見解と全く違うんだよ。

> どういうこと？

琉

第4章　確かなシビリアンコントロール機能の確保　151
　3．シビリアンコントロールの機能を確保するための方策

爺

あの政府答弁、つまり、「シビリアンコントロールの在り方が問われかねないとの認識を示した後、どこにこの問題の根源が有るのか明らかにした上で、厳正な対処を行い、情報公開、文書管理への取り組みの徹底を図る。」という内容についてなんだけど、お爺ちゃんには、問題の根源も、情報公開、文書管理への取り組みも、悪いのは、全て自衛隊にあったと聞こえてならないんだ。

だって、そうだったんじゃないの？

琉

爺

有るのに無いと言って情報公開に応じなかった点では、自衛隊に問題があったかもしれないね。
　だけど、お爺ちゃんとしては、「問題の根源」は、政府にあったと思っているよ。政府をかばうために無いと言わざるを得なかったのではないかと考えているんだよ。

え？　どうして？

琉

爺

この日報問題の根源が明確になるように説明するね。
　ここに記載した表は、日報問題の事実関係を時系列に沿って並べたものだよ。見てごらん。

152

2016.7	南スーダン、ジュバで政府軍と反政府軍の大規模戦闘が発生
.9.30	南スーダン日報の情報公開請求
.10.30	防衛省は開示請求者に「開示決定期限延長」を通知
.12.2	防衛省は開示請求者に「行政文書不開示決定通知書」を通知
.12下旬	稲田防衛大臣による再捜索指示
.12.26	防衛省(自衛隊統合幕僚本部)は日報の電子データの存在を確認
2017.1.27	稲田防衛大臣に日報の存在を報告
.2.7	日報を公表

南スーダン日報問題の事実関係

琉

　この事実関係を見ても、防衛省(自衛隊)が情報開示請求者に対して、日報を持っていたにも関わらず、持っていないとして、「行政文書不開示決定通知書」を通知したことは問題で、隠ぺいしたと言われても仕方がないと思うよ。

爺

そうだね。

琉

　更に、防衛大臣の再捜索の指示によって、日報の存在を確認しながら、一か月近く報告がなされなかった点について、シビリアンコントロールの欠如だと批判されたのだけど、これもまた、仕方がないことだと思う。
　日報の存在が確認できた時点で、すぐに報

第4章　確かなシビリアンコントロール機能の確保　153
3．シビリアンコントロールの機能を確保するための方策

告しなかった事実をもって文民軽視の体質、シビリアンコントロールの欠如と捉えられたんだよ。

確かに琉ちゃんが指摘するとおりだと思うよ。だけどね。政府答弁にもあったこの日報問題の根源、つまり、この問題で本当に問題にしなければならない点は、2016年7月に南スーダンのジュバで政府軍と反政府軍の間に大規模な戦闘が発生した時の日本政府の対応なんだよ。

どうして？

ジュバで政府軍と反政府軍の間で戦闘が起きたということは、ＰＫＯ参加５原則の１つの「紛争当事者間の停戦合意の成立」が崩れたことを意味するんだよ。

どういうこと？

ＰＫＯ参加５原則というのは、我が国が国際平和協力法に基づいて、ＰＫＯ（国連平和維持活動）に参加する際の基本方針のことで、
① 紛争当事者間の停戦合意の成立
② 紛争当事者がＰＫＯ及び日本の参加に同意

③ 中立的立場の厳守
④ 前3項が満たされない場合は部隊を撤収することができる。
⑤ 武器の使用は、要員の生命等の防護のために必要最小限のものに限られる。
という5つの項目を指して、ジュバの戦闘は、この①が崩れたことを意味しているんだよ。

紛争当事者間の停戦合意が崩れると何が問題なの？

琉

爺

PKOへの自衛隊の参加は、憲法9条の禁じる武力行使に該当するのではないかという点について、政府は、
●⑤の武器使用は、要員の生命等の防護のため必要最小限のものに限っている。
●④の前3項が満たされない（停戦合意が崩れた）場合は、部隊は業務を中止して撤収させることができる。
という理由から憲法9条の禁じる武力行使に該当する活動は避けられるので、憲法に違反することはないと説明しているんだよ。

そうか!!　紛争当事者間の停戦合意が崩れたということは、南スーダンの状況が、憲法

琉

> 9条の禁じる武力を行使しなければならない事態になる可能性が高まる、あるいは武力の行使が避けられない事態に至る可能性が高まるという点から、部隊の撤収について検討しなければならなかったんだね。

爺

そうなんだよ。
　自衛隊は、「防衛出動して戦え！」と命ぜられれば戦い、「災害派遣に出動して救助に行け！」と命ぜられれば命を懸けて救助に行くんだよ。
　ＰＫＯも同じで、停戦合意が崩れても、「引き続き、その場で国連平和維持活動を続けなさい！」と命ぜられれば活動を継続するし、「撤収して帰国せよ！」と命ぜられない限り、活動を継続しなければならないんだよ。
　自衛隊は、自らの判断で撤収・帰国することはできないんだよ。
　撤収・帰国の判断・命令は、自衛隊の最高指揮官である内閣総理大臣（政府）の責任として行わなければならないんだよ。
　だから、政府（自衛隊の最高指揮官）は、部隊を外国に派遣したら、部隊がどのような状態に置かれ、どのように活動しているか、常に、把握していなければならないし、把握する責任があるんだよ。

特に、ジュバで戦闘が起きた段階で、政府がしなければならないことは、派遣先で何が起きているのを確認して、とりわけ、派遣部隊を撤収させなければならないのか否かを判断することだったんだよ。
　この判断が適切になされて撤収していたら、この後の、情報公開請求に関わる問題は起こらなかったんだよ。
　だから、お爺ちゃんは、この日報問題の根源は、政府が自衛隊の最高指揮官としての責任を果たさなかったことにあったと考えているよ。

琮

　そうか。政府答弁やマスコミは、防衛省（自衛隊）だけが問題だったかのように発表していたけど、政府が自衛隊の最高指揮官としての責任をキチンと果たしていれば、この問題は起こらなかったんだね。

爺

　そうなんだよ。
　ここから先は、あくまで、お爺ちゃんの想像になるけど、内戦状態になっているにも関わらず、派遣部隊に活動を継続させたために、２０１６年９月３０日の情報公開請求に応じて「日報」を公開したら、内戦状態にある場所に自衛隊を派遣し続けていたことが明るみに出て、政府の

> ごう慢な無作為やＰＫＯ参加５原則の軽視し姿勢が露呈するため、自衛隊として、しかたなく「無い」と言って、政府をかばったのではないかと思えてならないんだよ。
>
> もし、このことがお爺ちゃんの想像ではなく、事実だったとしら、これは、自衛隊にとって大問題なんだよ。

> どういうこと？

琉

爺

自衛隊（軍隊）は、本来、戦うことが定められた組織で、戦いを通して国土・国民を守るんだよ。

国土・国民を守るためには、強い組織であることが求められ、強い組織とは、単に、強力な武器を持っているということではなく、規律が守られ、士気が高く、団結が維持された部隊を指していうんだよ。

そして、規律が守られ、士気が高く、団結が強固な部隊に必要なことは、部隊を構成する自衛隊員個々に、「順法精神」、「信義」、「正直」、「誠実」、「廉恥」、「信頼関係」等の資質が備わっていることなんだよ。

だから、自衛隊は、教育訓練だけではなく、普段の営内（駐屯地内）の生活の場を通じても、隊員の資質の教育に当たっているんだ。

こういう隊員たちに、派遣現場で戦闘状態が起きているにもかかわらず、起きていないと偽りを言わせたり、廃棄したと嘘を言わなければならない環境に追い込んだりするなど、言語道断なんだよ。
　この問題は自衛隊（自衛官）が自分たちを指揮（コントロール）する立場にある政府を信頼することが出来なくなっただけでなく、シビリアンコントロールの礎石そのものが破壊されたと言っても過言ではないんだ。
　政府（自衛隊の最高指揮官）と自衛隊（自衛官）の信頼関係は、シビリアンコントロール機能を確保するための前提条件とも言えることなんだよ。

琉

　この日報問題に関わる責任追及の矛先が自衛隊関係者のみに向けられたのは大きな誤りだったんだね。
　真に、シビリアンコントロールを機能させるためには、公正かつ適正な見極めと対応ができる機能が何よりも求められるね。

爺

　だから、お爺ちゃんとしては、自衛隊にも、政府にも、公正かつ適正に監視の目を向ける「シビリアンコントロール監視委員会（仮称）」の設置が必要だと考えているんだよ。

第4章　確かなシビリアンコントロール機能の確保　*159*
3．シビリアンコントロールの機能を確保するための方策

シビリアンコントロールというのは、『自衛隊（軍隊）を主権者である国民（政治）の統制下に置いて、主権者である国民（政治）の意思の下に自衛隊（軍隊）を使用（動かす）すること』なので、自衛隊（軍隊）だけを監視して、コントロールしていれば正しく機能させることができるというものでは決してないと考えているよ。

僕も全く同感だよ。

琉

爺

そして、「シビリアンコントロール監視委員会（仮称）」は、公正かつ適正を期すために、構成員は、
＊与野党議員
＊部隊運用に精通した元自衛隊幹部
＊管理職にあった元外務省職員
＊司法試験を合格し法律運用に精通した
　法律の専門家
＊企業代表者
＊一般国民代表者
が適切ではないかと考えているんだよ。

（3）自衛隊の運用に関する具体的な法制化

爺

　自衛隊は、国家・国民の安全のために存在し、国家・国民のツールであって、政府のツールではないということが、大原則だと考えているんだよ。「シビリアンコントロール監視委員会（仮称）」の設置は、この大原則が壊されないための１つ目の安全装置で、これから提案する「自衛隊の運用に関する具体的な法制化」は、２つ目の安全装置だと考えているよ。

　自衛隊の運用に関して、国家・国民の安全を守るためにタイムリーに部隊を動かすことができて、更に、自衛隊の負の特性の自立・暴走と、政治による不適切な運用を防ぐことができるような法制化が必要だと考えているんだよ。

　え？　もう自衛隊法で結構具体的に定められていると思うけど。

琉

爺

　お爺ちゃんが指摘した点については、まだ不十分な点があると考えているよ。

　特に、指揮権について、「誰が」、「どういう場合に」、「どういう条件で」、「何ができる」ということを具体化しなければならないと考えているんだ。

　まず、「誰が」の点について、自衛隊法の第三

章、第一節で陸上自衛隊の部隊の組織及び編成で、方面隊の長は、方面総監とするとして、「方面総監は、防衛大臣の指揮を受け、方面隊の隊務を統括する。」としているんだけど、これでは、平時の隊務運営の統括のみを規定し、有事の指揮権行使が認められているのか否か、明確に読み取れない気がするんだよ。

　辛うじて、防衛省訓令第１７号の自衛隊の運用等における部隊等の組織の要領及び指揮に関する訓令で、第１条に指揮をする場として防衛出動等の事態を明記し、第３条に隷属上級部隊の長は、防衛大臣が定めた隷属系統に従い、隷下部隊等の隊務のすべてについて指揮を行うとして定めているのだけど、これでは、方面総監や師団長等の有事における部隊指揮の権限の根拠は、この訓令の第１条と第３条のみになって、指揮権行使に関する記述がやや不十分だと思うんだよ。

　規制の仕方として、訓令ではなく、自衛隊法の第三章、第一節　陸上自衛隊の部隊の組織及び編成で、従来の記述を訂正し、「方面隊の長は、方面総監とし、方面総監は、防衛大臣の指揮を受け、方面隊を指揮する。」とすべきだと思うよ。そして、更に、方面隊は、方面総監以外の者が指揮ができないことや、指揮に関する規制で必

要なことを明確にすることが必要だと考えるよ。
　この際、方面総監に事故があった時は、防衛庁訓令第80号指揮代理に関する訓令、「防運企第168号指揮代理に関する訓令の運用等について（通達）」により、あらかじめ定められた次級者が部隊の運用に関して指揮権を行使できるようになっているけど、これも自衛隊法に明記すべきことだと思うよ。

　部隊を指揮することができる人や、指揮する場合の規制事項等必要なことをハッキリさせるということでしょ？

琉

爺

　そうだよ。この点を規則で明確にすることで、組織の流れや勢いで、権限（指揮権）のない者が、部隊を動かすことができない体制を築いて、普段から習性化することで、指揮権行使に関する馴れ合いを防ぐことができると考えているよ。

　そうだね。

琉

爺

　次に、「どういう場合」は、自衛隊を運用する事態を考えているんだよ。
　防衛出動、治安出動について、「開始」、「停止」、「終了」の命令権限は、内閣総理大臣で、その後

第4章　確かなシビリアンコントロール機能の確保　163
3．シビリアンコントロールの機能を確保するための方策

の部隊運用は命令を受けた部隊長だよ。災害派遣、国連平和維持活動（PKO）等については、現行の自衛隊法で特に問題はないように思うんだ。
　次に、「どういう条件」は、自衛隊を運用する際に条件を付けて、運用の初動に緩急の差を付けなければならないと考えているよ。

どういうこと？

　国家・国民の安全を確保する必要性から事態に応じてタイムリーに自衛隊を動かさなければならない場合と、自衛隊を動かすことの適切性を判断した後に自衛隊を動かさなければならない場合に、対応するためだよ。

具体的にどうするの？

　国家・国民の安全を守るためにタイムリーに自衛隊を動かすための条件設定は、事態に応じて速やかに自衛隊を動かすことができることを主眼に、国会の事後承認とすることが適切だと思うよ。
　そして、事後承認で自衛隊を動かすことができる場合は、我が国に対する領域侵犯を含む急迫不正の侵略とテロ攻撃の場合に限るべきだと

考えているんだ。
　これ以外の場合は、国家・国民にとって、部隊を動かすことの適切性を判断する時間の余裕を確保するために、いかなる場合も、事前承認とするべきだと思うんだ。

琉

　なるほど、国家・国民にとって、部隊を動かすことが適切か否か、しっかり判断してから動かすということでしょ？
　これだと政府の考えだけで自衛隊が運用されることはなくなるね。国家・国民のツールだという感じになってきたように思う。

（4）政府の指揮機能の継続措置

爺　最後に、提案するのは、指揮の継続措置だよ。

琉　それ、何？

爺　さっき、国土防衛戦を想定した話の中で、政府の機能が継続できなくなるかもしれないということを言ったけど、こういう状態にしてはいけないということなんだよ。

　自衛隊は、指揮官に事故が遭った場合に備えて、副指揮官が指定されている時は副指揮官が、指定されてないときは指揮官の次の順位の自衛官（指揮官の次に階級が上の人）が指揮を引き継ぐことが訓令で定められているので、指揮官の事故による指揮の中断を防ぐ対策はできているんだよ。この点は、さっき、訓令ではなく、自衛隊法に明記すべきだとも言ったけどね。

　政府も自衛隊と同じように、指揮官（内閣総理大臣）に事故が遭った場合に備えて、対策をしておく必要があるという提案だよ。

　そして、更に、指揮官及び中枢（本部）に事故なく指揮が行えるように、自衛隊は、有事の被害を想定した丈夫な指揮所を保有しているけど、政府も作っておいて欲しいと思うね。欲を言えば、自衛隊も政府も予備の指揮所の準備があれ

ば更に安心できるね。

そうか、事故が無いように、また遭った場合に備えておけば、政府の機能が途絶える心配はだいぶ減るね。

琉

第5章
終わりに

　続編の執筆を通じて、私の持論であるところの、戦争と武力行使に対する考え方、防衛政策に対する国民の関わり方、最近の安全保障環境の変化に対する警鐘、我が国防衛政策に関する持論、国際的な紛争防止策、シビリアンコントロールに関する考え方について紹介させていただきました。これらは、三十有余年に渡る自衛官人生を通じて身についた考え方だと思っています。

　前書きにも記しましたが、前作、「孫たちへの贈り物」は、私の問題意識を基に、読者の方に防衛に関する議論を行っていただきたいとの思いから、自分なりの防衛論を持つためのアプローチの一例を紹介しました。

　しかしながら、これでは片手落ちだったということに、後になって気が付きました。それは、筆者自身が自らの考えを示さず、読者のみなさん！　後はよろしくお願いしますと言って、雲隠れしたような、無責任なことをしてしまった感覚です。

　従って、この続編では、私の考えていることの全てを紹介し、ご覧いただけた読者の方に、反論、お叱り、ご意見等なんでもいただければと願っています。そして、このご意見等が端緒となって、防衛に関する議論の輪が広がれば更に幸甚です。

最後に、繰り返しになりますが、私は、自衛のための戦争及び武力の保持・行使は否定すべきでないと考えます。そして、個別的自衛権の行使について、現行憲法の解釈にその正当性を求める姿勢には断固反対します。

　この件に関しては、国民の意思を確認し、国民が自衛のための戦争及び武力の保持・行使を肯定するなら、憲法を改正し、子供でも理解でき、解釈の必要のない条文に変更しなければならないと考えています。

　理由は、国（政府）の独善や、国民不在の政治の下の解釈によって、自衛隊が運用されたり、利用されたりすること防ぐためです。

　また、国（政府）の独善、国民不在の下に、自衛隊が運用されたり、利用されたりすること防ぐために大切なことは、シビリアンコントロールを確実に機能させるとともに、国民自身が防衛政策及びシビリアンコントロールに常に関心を持って関わっていくことだと信じています。

　孫たちに明るい未来を残してあげたいと心から祈り筆を置かせていただきます。

参考資料

1 防衛白書（Ｈ２７、Ｈ２８、Ｈ２９、Ｈ３０）
2 自衛隊ホームページ
3 外務省ホームページ（世界貿易機関〔WTO〕）
4 憲法
5 自衛隊法
6 自衛隊の運用等における部隊等組織の要領及び
　　　指揮に関する訓令（Ｈ２８．３．２９省訓第１８号）
7 指揮代理に関する訓令（防衛庁訓令第８０号）
8 指揮代理に関する訓令の運用について（通達）
　　　　　　　　　　　（一部改正 防運企第１６８号）
9 ウィキペディア
10 ネット世界史の窓
11 ネットニュースダイジェスト（２０１８．９．１０）
12 ネット産経新聞（２０１５．３．１８）
13 ネット毎日新聞社説（２０１７．７．２９）
14 ネット東京新聞社会面記事（２０１７．１２．１８）
15 ネット Bloomberg（２０１８．４．９）
16 日本経済新聞（２０１８．１０．４）
17 コトバンク

筆者略歴

S52	防衛大学校卒（神奈川県横須賀）	
S52	第28普通科連隊小隊長（北海道函館）	
S56	第1空挺団普通科群　中隊運用訓練幹部（千葉県習志野）	
S60	東部方面総監部調査部　情報幹部（東京都市ヶ谷）	
S62	陸自幹部学校　指揮幕僚課程学生（東京都市ヶ谷）	
H01	第13師団司令部　防衛班長（広島県海田市）	
H03	第30普通科連隊中隊長（新潟県新発田）	
H04	陸自幹部学校教育部　選抜試験班長、	
	同戦術教官（東京都市ヶ谷、目黒）	
H10	陸幕監理部総務課企画班（東京都桧町、市ヶ谷）	
H12	第9師団司令部　第4部長（青森県青森）	
H15	第1空挺団本部　高級幕僚（千葉県習志野）	
H17	対馬警備隊長　兼て　対馬駐屯地司令（長崎県対馬）	
H19	少年工科学校副校長（神奈川県横須賀）	
H21	陸自研究本部　第4課長（埼玉県朝霞）	
H22	陸上自衛隊定年退職	
H22	学校法人佐野学園法人本部　理事長室長　兼て　企画部長	
H25	城西大学経済学部事務長	

続・孫たちへの贈り物

2019年6月27日　初版第一刷発行

著　者　川　井　修　一
発行者　山　本　正　史
印　刷　株式会社わかば
発行所　まつやま書房

〒355-0017 埼玉県東松山市松葉町 3-2-5
Tel 0493-22-4162 Fax 0493-22-4460
郵便振替 00190-3-70394
HP：http://www.matsuyama-syobou.com

© SYUICHI　KAWAI

ISBN 978-4-89623-123-6

著者・出版社に無断で、この本の内容を転載・コピー・写真絵画その他これに準
ずるものに利用することは著作権法に違反します。
乱丁・落丁本はお取り替えいたします。
定価はカバー・表紙に印刷してあります。